既有建筑结构弹塑性抗震性态评价方法及实现

潘志宏　著

U0260862

中国建筑工业出版社

图书在版编目（CIP）数据

既有建筑结构弹塑性抗震性态评价方法及实现/潘志宏著.
北京：中国建筑工业出版社，2012.11
ISBN 978-7-112-14873-8

Ⅰ.①既… Ⅱ.①潘… Ⅲ.①建筑结构—弹塑性—研究
②抗震结构—研究 Ⅳ.①TU313②TU352.1

中国版本图书馆 CIP 数据核字（2012）第 277736 号

本书在性态抗震的理念框架下，系统地对既有建筑典型结构的弹塑性分析和抗震性态评价方法进行了阐述，围绕适用于结构整体层次的既有建筑结构弹塑性地震反应分析方法，详细介绍了实现技术。主要内容有：绪论；考虑钢筋锈蚀的既有混凝土结构静力非线性分析方法研究；混凝土剪力墙抗侧力体系的静力非线性分析方法研究；框架填充墙结构及外包钢加固框架结构静力非线性分析方法研究；配筋砂浆面层加固后复合剪力墙静力非线性分析方法研究；基于 MIDA 的既有建筑结构抗震性能评价方法及性态评价方法体系；加固改造后结构弹塑性地震反应分析算例等。

本书内容涉及既有结构抗震安全改造中亟待解决的问题，可供既有结构性能评价、加固改造和地震工程的科技人员参考，也可作为土木工程结构、防灾专业研究生参考用书。

* * *

责任编辑：吉万旺 聂 伟
责任设计：董建平
责任校对：陈晶晶 赵 颖

既有建筑结构弹塑性抗震性态评价方法及实现
潘志宏 著

*
中国建筑工业出版社出版、发行（北京西郊百万庄）
各地新华书店、建筑书店经销
华鲁印联（北京）科贸有限公司制版
北京建筑工业印刷厂印刷
*
开本：787×960 毫米 1/16 印张：11¾ 字数：228 千字
2012 年 12 月第一版 2012 年 12 月第一次印刷
定价：**28.00** 元
ISBN 978-7-112-14873-8
(22940)

前　言

　　既有建筑量大面广，抗震安全性问题非常突出。当前，既有建筑结构仍处于基于"三水准二阶段"的抗震性能鉴定和加固设计阶段，在计算和分析上重点侧重于弹性阶段。本书以性态抗震的理念为指导，系统地对既有建筑典型结构的弹塑性分析和抗震性能评价方法两个方面进行了研究。本书按既有建筑结构加固改造前和加固改造后的两个特定阶段进行研究，研究工作主要包括数值计算模型、结构整体层次的既有建筑结构非线性地震反应分析方法以及实现技术等方面的内容。

　　针对既有混凝土结构，通过理论分析，结合文献的试验数据，发展了锈蚀引起粘结退化的数值模型；为反映锈蚀导致混凝土的性能劣化，改进了通用的混凝土本构关系；通过与已有试验研究的对比，在构件层次上验证了模型的合理性，提出了考虑钢筋锈蚀的结构静力非线性分析方法及其实现技术。该方法以钢筋锈蚀量为最基本参数，在材料本构层次上通过锈蚀量关联钢筋、混凝土以及它们之间粘结的力学性能，从而对结构整体层次的分析产生影响，能把握既有混凝土结构性能退化的最主要特点。

　　对于剪力墙抗侧力体系，基于钢筋混凝土薄膜元软化桁架理论，考虑弯曲和剪切的耦合，结合所收集的试验研究成果，首先对混凝土实体墙的数值模型进行了研究，将数值分析结果与收集的试验结果对比，验证了模型的正确性；在此基础上，通过对连梁数值模型和整体建模方法的研究，提出了开洞混凝土墙体静力非线性分析的方法及其实现技术，将数值仿真结果与已有的联肢墙试验结果对比，验证了该方法的正确性。采用本书的模型和方法，在较少的单元划分下可以获得满意的结果，计算效率高。

　　针对加固后结构的非线性分析方法进行了研究，研究内容涉及新老结合共同工作结构体系的约束效应和界面行为。以外包钢加固框架结构为对象，研究了外包钢对混凝土约束效应的数值模型，提出了外包钢加固柱的数值分析方法，经与已有试验研究结果对比，在构件层次上验证了该方法的合理性；并以此为基础，开发和实现了外包钢框架结构整体静力非线性分析方法。针对钢绞线网－聚合物砂浆的加固方式，进行了面内剪切试验研究，研究了钢绞线网－聚合物砂浆与砖砌体的界面行为，采用数字图像相关技术测试了加固层表面的位移场，采用光栅传感器测试了钢绞线应变发展过程，通过试验数据分析，获得了界面粘结锚固性能以及钢绞线应变发展的规律。在对墙体试验数据分析的基础上，结合界面行为试验研究的成果，以配筋砂浆面层加固砌体墙为对象，提出了静力非线性分析方法，开发了实现技术。研究成果为加固后杆系结构和剪力墙结构整体抗震分析提供了研究方法。

在总结模态推覆分析方法理论基础后，以外包钢加固混凝土框架结构为算例，研究了滞回模型对模态推覆分析结果的影响；通过与纤维模型的动力非线性分析对比，验证了增量动力分析方法对既有建筑结构的适用性，提出了通过基于模态推覆分析的增量动力分析方法实现静力非线性模型和动力非线性分析融合的思路，开发了实现技术。基于模态推覆分析的增量动力分析方法能获得结构从弹性阶段到最终动力失稳的结构全过程反应，对结构性态控制特别是防止倒塌有重要的意义，并且在计算成本的节约上有着非常突出的优势。

归纳总结了针对既有结构损伤特点的性态抗震评价方法，引入国际上基于性态抗震的抗震思想，为定量进行既有建筑结构的弹塑性抗震性能评估提供参考。

感谢作者的导师东南大学李爱群教授的悉心指导，他的关心和帮助使本书得以顺利完成。感谢中国建筑科学研究院工程抗震研究所姚秋来研究员在试件制作中给予的帮助，感谢戴宜全博士和周广东师弟在试验中的支持，感谢 University of Wisconsin 的 Jian Zhao 博士在 OpenSees 上的指点。本书是作者近年来在既有建筑结构抗震方面研究的总结，书中引用了大量的参考文献，对其作者表示深深谢意。本书的研究工作得到了"十一五"国家科技支撑计划重大项目课题（2006BAJ03A04）、住房和城乡建设部科学技术计划项目（2010-K3-48）、江苏科技大学科技项目的资助。编写过程中，研究生杜定发、洪博、周智彬等完成了部分数值分析的工作，在此向他们表示谢意。

因水平所限，书中错误和不足之处在所难免，敬请读者批评指正。

目　录

第1章　绪　论 ……………………………………………………………… 1

1.1　引言 …………………………………………………………………… 1

　　1.1.1　既有建筑现状与抗震安全性问题 ………………………… 1

　　1.1.2　既有建筑结构的特点及研究现状 ………………………… 2

1.2　基于性态抗震理论及应用研究的发展现状 ……………………… 3

1.3　性能评价分析是既有建筑改造和基于性态抗震中的关键问题 … 5

1.4　基于结构整体层次的非线性地震反应分析研究及应用概况 …… 7

　　1.4.1　静力弹塑性方法的发展与研究概况 ……………………… 7

　　1.4.2　静力弹塑性方法及其对既有建筑的适用性 ……………… 8

　　1.4.3　IDA方法在非线性地震反应分析中的研究与应用 ……… 9

1.5　既有建筑抗震性能评价中存在的主要问题 ……………………… 11

1.6　本书研究背景和意义 ……………………………………………… 12

1.7　本书的主要内容及安排 …………………………………………… 13

参考文献 …………………………………………………………………… 15

第2章　考虑钢筋锈蚀的既有混凝土结构静力非线性分析方法研究 … 18

2.1　引言 …………………………………………………………………… 18

2.2　考虑钢筋锈蚀对粘结退化影响的数值模型研究 ………………… 19

　　2.2.1　节点钢筋粘结滑移研究概述 ……………………………… 19

　　2.2.2　考虑钢筋锈蚀对粘结退化影响的数值模型 ……………… 20

2.3　考虑钢筋锈蚀的损伤混凝土改进本构模型 ……………………… 23

　　2.3.1　钢筋锈蚀对混凝土受力性能的影响 ……………………… 23

　　2.3.2　锈蚀损伤混凝土的改进本构模型 ………………………… 24

2.4　考虑钢筋锈蚀的既有混凝土结构静力非线性分析方法 ………… 25

　　2.4.1　碳化混凝土力学性能的研究 ……………………………… 25

　　2.4.2　单独考虑混凝土碳化对静力推覆结果的影响 …………… 25

　　2.4.3　考虑钢筋锈蚀的静力非线性方法的提出 ………………… 26

2.5 考虑钢筋锈蚀混凝土结构静力非线性分析方法的实现 ……………… 27

　　2.5.1 锈蚀钢筋本构关系 ……………………………………………… 27

　　2.5.2 考虑锈蚀影响的节点钢筋粘结滑移恢复力修正模型 ………… 28

　　2.5.3 结构模型的建立 ……………………………………………… 28

2.6 静力非线性分析模型的算例和验证 …………………………………… 28

　　2.6.1 本书模型的验证及分析 ……………………………………… 29

　　2.6.2 采用本书模型对不同锈蚀程度构件的分析 ………………… 30

　　2.6.3 综合本书模型和锈蚀钢筋本构关系对不同锈蚀程度构件的分析 ……… 30

2.7 考虑钢筋锈蚀的混凝土框架结构静力非线性算例分析 ……………… 31

　　2.7.1 模型建立 ……………………………………………………… 32

　　2.7.2 钢筋锈蚀空间分布不均匀的影响 …………………………… 32

2.8 小结 ……………………………………………………………………… 34

参考文献 …………………………………………………………………… 34

第3章 混凝土剪力墙抗侧力体系的静力非线性分析方法研究 ………… 37

3.1 引言 ……………………………………………………………………… 37

3.2 实体墙静力非线性分析的数值模型研究 ……………………………… 38

　　3.2.1 剪力墙非线性分析模型 ……………………………………… 38

　　3.2.2 考虑弯剪耦合作用的理论基础 ……………………………… 40

　　3.2.3 相对转动中心高度系数的取值 ……………………………… 41

　　3.2.4 墙体混凝土的数值模型研究 ………………………………… 42

　　3.2.5 边缘约束构件的数值模型研究 ……………………………… 43

3.3 实体墙静力非线性分析的实现技术 …………………………………… 46

　　3.3.1 实体墙静力非线性分析的实现过程 ………………………… 46

　　3.3.2 实体墙静力非线性分析方法的验证 ………………………… 48

　　3.3.3 实体墙静力非线性分析相关参数研究 ……………………… 49

3.4 开洞墙体的静力非线性分析模型研究 ………………………………… 52

　　3.4.1 开洞墙体分析概述 …………………………………………… 52

　　3.4.2 连梁数值模型研究 …………………………………………… 53

3.5 开洞墙体静力非线性分析方法及其实现技术 ………………………… 56

　　3.5.1 整体分析模型的建立 ………………………………………… 56

　　3.5.2 整体分析建模的实现 ………………………………………… 57

　　3.5.3 开洞剪力墙静力非线性分析方法验证 ……………………… 57

　　3.5.4 开洞剪力墙静力非线性分析方法参数研究 ………………… 58

3.6 小结 ··· 59

参考文献 ··· 59

第4章 框架填充墙结构及外包钢加固框架结构静力非线性分析方法研究 ··· 62

4.1 引言 ··· 62

4.2 框架填充墙结构的等效弹簧斜撑模型研究 ················· 63

   4.2.1 填充墙等效弹簧斜撑模型 ·························· 63

   4.2.2 等效弹簧斜撑模型的验证 ·························· 66

   4.2.3 框架填充墙结构算例分析 ·························· 67

4.3 外包钢围套约束效应数值模型的研究 ····················· 70

4.4 外包钢加固混凝土框架静力非线性分析的数值模型及实现技术 ··· 72

   4.4.1 外包钢加固混凝土柱静力非线性分析的数值模型及实现过程 ······· 72

   4.4.2 外包钢加固混凝土柱静力非线性模型的验证 ············ 73

   4.4.3 外包钢柱静力非线性模型的主要影响因数及参数研究 ······· 74

   4.4.4 基于纤维模型的外包钢加固混凝土框架结构静力非线性分析
       实现技术 ······································· 78

4.5 小结 ··· 78

参考文献 ··· 79

第5章 配筋砂浆面层加固后复合剪力墙静力非线性分析方法研究 ·········· 81

5.1 引言 ··· 81

5.2 钢绞线网–聚合物砂浆加固砖砌体面内剪切试验研究 ········· 82

   5.2.1 试验设计 ····································· 82

   5.2.2 面内剪切试验现象及结果 ·························· 88

   5.2.3 试验分析 ····································· 93

   5.2.4 聚合物砂浆加固层粘结锚固性能研究 ················ 95

   5.2.5 钢绞线应力发展规律研究 ·························· 96

5.3 配筋面层加固后复合剪力墙的数值模型研究 ··············· 97

   5.3.1 钢筋网水泥砂浆面层加固砌体墙体的受力特点 ········· 97

   5.3.2 砌体受压本构关系的研究 ·························· 98

   5.3.3 面层砂浆的建模方案 ····························· 99

5.4 钢筋网水泥砂浆面层加固砌体墙体静力非线性分析方法及其
   实现技术 ·· 100

   5.4.1 材料参数 ····································· 100

   5.4.2 截面分析模型 ································· 101

　　　5.4.3　钢筋网水泥砂浆面层加固砌体墙体静力非线性分析方法的验证 ……… 101

　　　5.4.4　参数研究 …………………………………………………………… 102

　5.5　钢绞线网－聚合物砂浆加固砖墙静力非线性分析方法及其实现技术 … 104

　　　5.5.1　高强钢绞线网－聚合物砂浆加固砖墙抗震性能的试验研究 ……… 104

　　　5.5.2　砌体和聚合物砂浆的本构关系模型 ……………………………… 107

　　　5.5.3　钢绞线网－聚合物砂浆加固砖墙静力非线性分析方法的验证 …… 107

　　　5.5.4　材料参数研究 ……………………………………………………… 108

　　　5.5.5　考虑界面剥离行为对静力非线性分析模型的修正研究 …………… 109

　5.6　小结 …………………………………………………………………………… 110

　参考文献 ………………………………………………………………………… 110

第6章　基于 MIDA 的既有建筑结构抗震性能评价方法及性态评价
　　　　方法体系 ……………………………………………………………… 113

　6.1　引言 …………………………………………………………………………… 113

　6.2　地震动记录选取对增量动力分析结果的影响研究 ……………………… 113

　　　6.2.1　基于增量动力分析的结构抗震性能评价方法 …………………… 114

　　　6.2.2　特征周期的计算 …………………………………………………… 115

　　　6.2.3　算例分析 …………………………………………………………… 115

　6.3　基于 MIDA 的既有建筑结构地震反应分析方法研究 ………………… 122

　　　6.3.1　MPA 方法的理论基础 …………………………………………… 122

　　　6.3.2　MIDA 方法流程 …………………………………………………… 125

　　　6.3.3　Modal SDOF 体系滞回模型的研究 …………………………… 125

　　　6.3.4　MIDA 方法对既有建筑结构的适用性 …………………………… 127

　6.4　基于 MIDA 的既有建筑结构抗震性能评价方法实现技术 …………… 127

　　　6.4.1　结构参数输入和模型的建立 ……………………………………… 127

　　　6.4.2　MPA 方法中模态的选取 ………………………………………… 130

　　　6.4.3　对 MPA 推覆曲线的双折线化 …………………………………… 130

　　　6.4.4　IDA 曲线定义及结构反应统计 ………………………………… 131

　　　6.4.5　基于 IDA 曲线的结构性态水准极限状态点 …………………… 131

　6.5　既有建筑的性态评价方法 ………………………………………………… 132

　　　6.5.1　既有建筑结构抗震性能评价需要考虑的因素 …………………… 132

　　　6.5.2　基于《建筑工程抗震性态设计通则》的结构性态评价方法 …… 132

　　　6.5.3　既有建筑结构考虑损伤影响的性态评价方法 …………………… 139

　6.6　小结 …………………………………………………………………………… 144

参考文献 ……………………………………………………………… 145

第 7 章　加固改造后结构弹塑性地震反应分析算例 ………………… 148

7.1　基于纤维模型的外包钢加固混凝土框架结构弹塑性分析 …… 148

7.1.1　工程概况 …………………………………………… 148

7.1.2　静力非线性分析结果及讨论 ……………………… 149

7.1.3　MIDA 及其结果分析 ……………………………… 152

7.2　外廊式单跨框架结构加柱静力弹塑性分析 ………………… 156

7.2.1　外廊式单跨框架结构加柱加固方案 ……………… 156

7.2.2　加柱抗震加固方法的适用范围 …………………… 158

7.2.3　加柱前后性能点处结构层间位移角对比 ………… 159

7.2.4　加柱截面优选 ……………………………………… 159

7.3　外廊式单跨框架结构加柱改造后基于 IDA 分析的抗震性能分析 … 161

7.3.1　增量动力分析方法及倒塌分析方法 ……………… 161

7.3.2　结构加柱前后 IDA 对比分析 ……………………… 162

参考文献 ……………………………………………………………… 165

第 8 章　结束语 ……………………………………………………… 166

8.1　主要结论 ……………………………………………………… 166

8.2　存在问题及后续研究工作展望 ……………………………… 169

附　录 ………………………………………………………………… 170

1. MIDA 分析中对模态推覆曲线双折线化的 TCL 脚本程序 ………… 170

2. MIDA 分析主程序 …………………………………………………… 174

第1章 绪 论

1.1 引言

1.1.1 既有建筑现状与抗震安全性问题

在西方发达国家，工程领域中大规模的兴建阶段已经完成，从投资规模来看，已经进入以维护现有结构为主的阶段。最新资料表明，我国既有建筑面积总计约436亿 m^2，近年来每年还有20余亿 m^2 竣工面积的房屋成为既有建筑[1]，我国也必将逐渐进入兴建和维护并重的阶段。我国城镇既有建筑保有量约为177亿 m^2，而每年拆除的建筑面积约为4亿 m^2 以上。据了解，被拆除的建筑中包括大量20世纪70年代和80年代建造的房屋，甚至包括90年代建造的房屋。拆除使用年数较短的建筑是一种极大的资源浪费，同时也造成了严重的环境问题。把存在问题的既有建筑全部拆除是不现实的，而对其进行合理改造是解决问题的最好途径之一，因此，我国既有建筑改造市场需求巨大。

从既有建筑结构体系来看，在我国，除古建和近代建筑中的木结构、砖木和砖石结构外，现代建筑中，20世纪70~80年代以砖混结构为主，80年代以后兴建了大量钢筋混凝土框架结构多层房屋，90年代以来钢筋混凝土框架结构、框剪、筒体、大跨钢结构和杂交结构等迅速发展起来。调查显示，量大面广亟待改造的是20世纪50年代以来的砖混及钢筋混凝土框架结构。

各种类型的既有建筑物是人们生活和生产的主要场所，也是财产高度集中的场所。时间的推移使得越来越多的建筑达到设计使用年限，同时很多既有建筑使用功能发生了调整和转换。我国既有建筑存在着能耗高、使用功能差、抗灾能力弱等诸多问题，其中抗震安全性问题尤为突出。我国绝大部分地区处于地震区，存在大量未经抗震设防或设防标准不高的建筑，依据不同时期的抗震设计规范和地震区划图建造的建筑和基础设施，其抗震能力差异明显，而且随着建筑物使用寿命的不断延长，既有建筑抗震能力的差别不可能马上消除；城市中1989年以前建造的建筑物还占有相当的比例，这些建筑物大多未考虑抗震设防或抗震能力不足，而20世纪80年代与90年代初建造的房屋，由于处于工程建设的快速发

1

展期与中国经济的转型期，有些工程的施工质量比较低劣，在抗震安全性方面存在隐患；由农村集镇扩大建成的新兴城市抗震安全性问题更为严重，这些建筑可能就是未来城市地震灾害的薄弱环节[2]。

当前世界范围内地震发生频繁，如"5.12"四川汶川特大地震，近期国外的智利、海地地震，国内的青海玉树地震，建筑结构抗震能力和综合防灾能力引起政府和社会各界的高度关注。人们认识到不能等待下一次地震再来暴露这些弱点，而应当对中震、大震、"巨震"下既有建筑的抗震性能进行再认识，在地震之前就把城市房屋的抗震性能估计出来，以便能够采取适当的行动[2]。正确评估既有建筑在将来强烈地震时的可能表现成为土木工程的重要任务。既有建筑抗震加固改造技术、既有建筑结构抗震性能评价成为当前抗震工作的重点，也为防灾减灾和结构工程学科提供了发展机遇。

1.1.2 既有建筑结构的特点及研究现状

按照规范进行设计和施工的新建结构，能够在结构布置的规则性、结构连续、延性构造和材料质量等保证抗震性能的方面加以控制[3]，然而，这些在工程建造前和建造中的控制过程对既有建筑来说已成为过去，既有建筑中结构布置和构造措施，虽然可能不合理，但缺陷和不足已经既成事实。总的来说，既有建筑结构具有以下特点：

（1）目标使用期（或称评估基准期）与新建结构的设计基准期可能不同。

（2）永久荷载客观上是确定的，可按确定量处理。

（3）与目标使用期相应的评估烈度和地震作用与规范取值可能不同，与目标使用期有关的可变荷载取值也存在差异。

（4）抗力模型需要考虑结构损伤导致结构性能劣化的时变影响[4]，既有建筑结构需要考虑诸如混凝土、钢筋、砂浆等材料的经时损伤问题。

有研究表明[5]，即使是未碳化的既有混凝土，峰值应变和极限应变均随着使用年限的增加而降低；使用年限越久的混凝土，其弹性模量较同强度新混凝土的弹性模量降低幅度越大。因此，可能发生受压区混凝土首先被压碎的超筋破坏；延性降低会使结构和构件耗散能量的能力降低，削弱混凝土结构的变形能力；弹性模量降低、刚度降低会使构件的挠度增大，不易保证结构构件的正常使用。对于既有混凝土结构，这些因素的不利影响应该加以考虑。混凝土构件的试验表明，随着钢筋锈蚀程度的增长，承载力和延性降低，甚至出现从延性破坏到脆性破坏的转变；而延性性能和倒塌机制是结构抗震性能评价的主要问题[6]。此外，结构性能劣化的空间不均匀分布可能引起扭转效应[6]，对抗震十分不利。

（5）既有建筑在不同时期建造，先后沿用不同规范，抗震构造措施标准和水平不一，这是既有结构的重要特点。既有结构中很多构造措施水平偏低，即使是现行规范中的许多强制性条文要求也不能得到满足，对延性性能和倒塌机制产生影响，甚至使它们发生改变。ATC40[7]、FEMA273[8]、FEMA356[3]等报告中多次指出在既有建筑中大量存在的低标准搭接连接，将降低结构承载力和延性，抗震构造不足甚至使得结构破坏时成为脆性破坏机制[6]。

（6）由于存在不同程度的损伤，不能仅仅进行简单的弹性分析，因此，考虑弹塑性的非线性反应分析[9]是既有结构抗震性能评价的关键工作。

（7）既有结构的再利用往往与加固改造联系在一起，加固改造后结构性能产生质的改变[10,11]，因此，既有结构的分析和评价应该分为两个阶段：加固改造前和加固改造后。

加固后结构具有以下一些特点：①加固改造具有鲜明的个性；②加固具有局部性[12]，即往往只是加固结构的局部部位；③加固改造后形成的新老结合结构体系受力复杂，加固结构构件是组合结构，结构体系成为混合体系，新老构件、材料共同工作性能对结构性能的影响很大；④不适当的局部加强甚至可能会引起薄弱部位的转移，埋下隐患；⑤弹塑性阶段内力重分布现象突出，中大震作用下的结构非线性抗震性能相应也变得十分复杂。

以上特点都决定了对既有结构进行抗震性能评估和改造设计是一项具有挑战性的工作。

在材料方面，近年来随着人们对耐久性问题的关注，开展了大量针对混凝土碳化、钢筋锈蚀和氯盐侵蚀对混凝土结构力学性能的研究[13~15]。在可靠性方面，国内外学者对既有结构开展了较为广泛的研究，其中，我国学者姚继涛于2008年出版了国内第一本关于既有结构可靠度理论的专著[10]。从基于性态抗震理念发展过程来看，也正是由于认识到用于新建设计的强度和延性的规范要求不适用于既有建筑，才直接导致和推动了基于性态抗震方法的产生和发展[16]。

在我国，由于结构鉴定与加固改造技术迅速发展，关于加固技术、方法的研究很多，鉴定加固相关的技术标准、规范和规程[17~25]得到了制定并不断更新[26,27]。然而也必须注意到，不管是鉴定还是加固设计方法，现在还主要停留在构件层次上[28]。大量的加固改造仍然采取"头痛医头，脚痛医脚"的方式，在对检测判断为不足的构件进行加强后，加固工作即宣告结束。

1.2 基于性态抗震理论及应用研究的发展现状

目前多数国家的抗震规范都采用了"小震不坏、中震可修、大震不倒"的多级设计思想。从震害调查看，按规范正常设计、正常施工、正常使用的建筑已可以做到在预计的地震发生时避免倒塌而不危及人们的生命。但随着社会经济的飞速发展，现代工业化和城市化的进程加速，城市数量急剧增加，人口高度密集，财富也高度集中，近年来世界上发生的地震灾害造成人员伤亡显著下降的同时，地震造成的灾害损失却成倍增加，令人震惊，甚至一次中等大小的地震所造成的损失，也大大超出了社会和业主所能接受的程度。这表明地震损失不仅仅是主体结构的安全所能控制的，结构物内的装修、非结构构件、设备等的费用往往可能大大超过结构物的费用，因而现代及未来的建筑不仅要防止倒塌，还要考虑控制经济损失的大小、保证结构使用功能的延续等问题，同时也表明"小震不坏、中震可修、大震不倒"的多级设计思想的实质，是以保证人的生命安全为原则的一级设计理论，已经不能适应抗震要求的发展。地震灾害的高度不确定性和现代地震灾害造成巨大经济损失的新特点，引起世界各国地震工程界对现有抗震设计思想和方法进行深刻的反思。进一步探讨更完善的结构抗震设计思想和方法成为迫切的需要。基于性态的抗震设计思想就是在这样的背景下由美国学者于20世纪90年代初提出。

基于性态设计 PBSD（Performance Based Seismic Design），也称为基于性能（功能）的结构抗震设计、性能结构抗震设计、抗震性能明示型抗震设计等，其基本思想是基于投资 – 效益的准则和强调结构"个性"的设计，以结构抗震性能分析为基础的设计方法。针对每一级设防标准，将结构的抗震性能划分成不同等级；设计师根据业主的要求（或向业主推荐），采用合理的抗震性能目标和合适的结构措施进行设计；结构物在未来地震作用下可能遭受的破坏程度是业主可以接受的，也是投资 – 效益分析所能达到的最优效果，也即在未来地震中结构的性能表现是社会和业主能够预期的。随着经济建设的发展，建筑类型的多样化，抗震性态设计已成为必然的发展趋势，目前强调"共性"，各类建筑大致一样的抗震标准的设计方法，必将让位于在保证"共性"的前提下强调"个性"，即各个业主、各个建筑不同的设防标准的抗震性态设计。除了能评价潜在的抗震性能和估计地震中可能的损失之外，基于性态的方法还能通过结构的抗震性能来评价设计规范，因此，基于性态抗震方法既能用于既有结构也能用于新建设计。

基于性态的结构抗震设计突破了当前基于承载力的结构抗震设计理论框架，代表了未来结构抗震设计的发展方向，同时基于性态的思想具有普适性[16]，基于性态抗震设计的技术还能移植到其他极端灾害领域如火灾、风灾、洪水、雪灾、爆炸甚至恐怖袭击，因而引起了各国广泛的重视，性能设计已成为设计理论的研究热点和发展方向[29]。美、日等国都投入大量力量进行研究，并且日本已于2000年6月采用了新的基于性态的结构抗震规范。目前，基于性态设计主要有基于位移的抗震设计 DBSD（Displacement Based Seismic Design）、基于地震损伤性能的设计方法 SDPBD（Seismic Damage Performance Based Design）和综合抗震设计方法，已经从以 FEMA274 为代表的第一代发展到以 FEMA356 为代表的第二代，并正在向更精确可靠、更经济和满足决策要求的第三代发展[16]。

在结构的地震反应中，采用位移指标来对各种性能水准的损伤极限状态进行量化比较合适，位移指标不仅可以较好地体现结构构件的损伤程度，而且可以用来控制非结构构件的性态水平，基于位移的方法因此可以为非结构构件提供防护措施使其性能得到改善。试验研究也表明，建筑结构在各阶段的性能与其变形指标有较好的相关性，即结构性能与其变形指标之间可建立定量关系，但与力之间没有很好的相关性。另外，建筑结构在大震作用下倒塌的主要原因，是由于其变形能力和耗能能力不足所造成的。因此，当前性态抗震框架中，基于位移的抗震方法得到重视，发展较快。

为紧跟国际抗震发展的潮流，从 20 世纪 90 年代中期开始，国内就开始了基于性态的抗震设计方面的研究。目前，按抗震性态设计的设计思想编制的中国工程建设标准化协会标准《建筑工程抗震性态设计通则（试用）》（以下简称《通则》）[30]已经颁布实施，供采用基于性态的抗震设计试用。《通则》按国际上最新的抗震设计思想——基于性态的抗震设计思想编制，是近年来广大专家和科研人员研究成果的科学集成，使我国的抗震设计更加合理和完善，必将对新一轮抗震规范和地区行业标准的制定发生重大影响。

1.3　性能评价分析是既有建筑改造和基于性态抗震中的关键问题

既有建筑改造关键技术体系包括标准、检测、评定和改造等主要环节。既有建筑物的质量检验和可靠性评定既是一直受到国内外工程界关注的重要研究课题，也是国内亟待解决的工程实际问题。在解决诸如建筑物的管理、维修、加固和改扩建，现存抗力和剩余寿命（剩余使用年限）的推断，工程质量监督和验收，工程质量纠纷的裁决、危房判定，自然灾害和人为事故的处理等工程问题时，都涉及已有建筑的检验技术和评定方法问题。

当前改造工程中大量采用的"头痛医头，脚痛医脚"的加固方式，加固后效果如何？构件的加固对结构整体的影响如何？大震下结构的性能如何？这些都缺乏评价，其根源是缺乏适用的评价方法。事实上，加固改造处理不当，将导致新的薄弱部位产生，或者发生薄弱层转移，这将使得加固结果适得其反。改造技术的发展，不仅要求在改造前进行评估分析，对改造后结构的评估分析也成为必需。

以钢筋混凝土框架结构为例，多数情况下，加固构件的承载力及刚度得到了提高，这将导致地震作用有所增加，有时这种加固造成框架沿高度屈服强度出现明显的非均匀分布，在相对较弱的楼层，可能在地震作用下产生大的塑性变形集中，引起结构的首先破坏，甚至倒塌。当采用现行规范的抗震强度验算方法时，这种隐含的危险有时易被忽视，所以不适当地过分加固某一或某些楼层，可能产生不能抵抗预期地震效应的新的相对薄弱楼层，这说明加固并未取得预期的效果，这种现象也称为"隐含危险的转移"。某三层钢筋混凝土框架厂房建筑，在1976 年唐山主震作用下严重破坏，不久进行了加固，但加固主要针对破坏严重的二层柱子。在破坏柱子的外表包以 6 ~ 10cm 厚的钢筋混凝土。加固后的框架在1976 年 11 月 15 日宁河 6.9 级地震中全部倒塌。分析其倒塌原因，加固前第二层是薄弱环节，在地震作用下将出现很大的层间弹塑性变形；加固后第二层的层间变形大大减小，但却在底层又出现很大的弹塑性层间变形[31]。由此可见，评价方法应能突出结构整体性。

事实上，既有建筑结构都是具有很高冗余度的超静定结构，结构体系的特性要比结构构件的特性重要得多，不局限于结构中单独构件的破坏程度评价，而是考虑结构体系的整体特性，在结构层次上进行基于性态的抗震评估，对改造前特别是改造后结构在地震作用下都需要进行整体安全性评价，这是确定结构安全标准的重要依据。日本阪神大地震后的抗震修复加固步骤与有关问题指出，要确认达到加固设计的目标：加固部分补强后，其性能的结果评价，应连同整个建筑物一起进行，并确认是否已达到预计目标。

结构抗震性能评价体系包括两个最重要的环节：结构非线性地震反应分析和性能评价。从基于性态抗震设计的流程来看，由于性态抗震设计实际上是不断进行性态评价的循环过程（图 1 - 1），评价方法实质上也是基于性态抗震设计中的核心组成部分[16]。

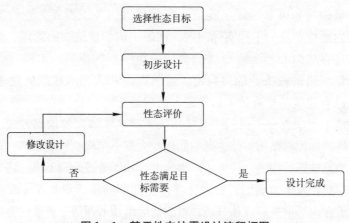

图 1 - 1　基于性态抗震设计流程框图

1.4 基于结构整体层次的非线性地震反应分析研究及应用概况

1.4.1 静力弹塑性方法的发展与研究概况

对于弹塑性时程分析方法而言，由于输入的地震波具有不确定性，分析模型的合理性难以界定，计算分析工作量大，加之结果判断对人员素质的要求高，这些不足使其难以成为实际工程中普遍使用的方法。随着 20 世纪 90 年代基于性态抗震思想的提出，作为一种结构非线性反应的简化计算方法和结构抗震性能评估方法的 Pushover 方法引起了广大学者和工程设计人员的极大兴趣，Pushover 方法已被一些国家抗震规范标准如 ATC－40，FEMA－273、FEMA－274 和 FEMA－356 以及日本和韩国等国的规范所采纳，并逐渐成为基于性态抗震理论的主要分析方法。我国现行《建筑抗震设计规范》规定[32]，在罕遇地震作用下薄弱层的弹塑性变形验算时，除了部分建筑结构可采用简化方法外，其余结构可采用 Pushover 分析方法或弹塑性时程分析法等；并指出，较为精确的结构弹塑性分析方法，可以是三维的 Pushover 或弹塑性时程分析方法。

Pushover 方法是介于静力分析和动力弹塑性分析之间的一种对结构抗震能力进行评估的方法，通过对关键单元或重要构件的变形做近似的估计，发现一些设计中潜在的不利因素（如强度或刚度突变等），找出结构可能发生大变形的部位，以及评估结构的整体稳定性和传力途径等。Pushover 分析方法的实质是一种静力非线性分析 NSP（Nonlinear Static Procedure），其基本过程是：在结构上施加某种与地震作用较为接近的侧向水平力，逐渐增加水平力使结构各构件依次进入塑性，当有构件进入塑性后，整个结构的特性即会发生改变，再根据变化后的刚度来调整水平力的大小和分布，这样交替进行下去，直至结构达到目标位移或成为机构。在分析过程中可以记录结构在不同荷载水平下的内力和变形、塑性铰出现的先后顺序和分布、结构的薄弱环节。Pushover 分析虽然不能模拟结构的倒塌过程，但可以通过薄弱环节的产生、发展的跟踪分析，判断可能出现的破坏机制、结构倒塌前的演变过程。和传统的抗震静力方法相比，Pushover 分析方法考虑了结构的弹塑性性能，并将设计反应谱引入了计算过程和计算成果的解释；同时保留了动力弹塑性分析的一些优点，又比动力非线性分析 NDP（Nonlinear Dynamic Procedure）简单得多，而且能够获得较为稳定的、与动力分析较为接近的结构非线性反应。该方法的特点是，可以根据结构在弹塑性阶段的特性变化来调整其水平力的分布，且只需构件恢复力模型的骨架曲线，无需滞回规则，就可以对结构构件的非线性全过程进行分析。

Pushover 方法的研究主要集中在三个方面：侧向加载模式、目标位移的确定方法和改进方法。

（1）侧向加载模式

侧向加载模式的研究成果比较丰富，可按侧力模式是否改变分为：固定加载模式和变侧力加载方式。固定加载模式主要有均布、倒三角形和抛物线等模式[33]，变侧力加载模式的研究有自适应的加载方式[34,35]、适应谱方法、Pushover 方法、多振型加载模式[33]、循环侧推的多振型加载模式[36]等。一般认为，对高振型影响较大的结构，应至少采用两种以上的加载模式进行 Pushover 分析。

（2）目标位移的确定方法

Pushover 方法对结构进行评价的时候，是以目标位移或结构是否成为机构来控制加载，故目标位移的确定在 Pushover 方法中起着举足轻重的作用[37]。当前研究给出的结构目标位移的确定方法主要有两种[8]：其一是位移影响系数法，它是在大量计算分析结果的基础上，统计得到的经验计算公式，它反映了结构滞回特性，$P-\Delta$ 效应，土 – 结构相互作用等的影响；其二是能力谱法，基本思想是将结构动力弹塑性问题转化为等效线性体系的计算问题[7]。此外，也有一些改进方法[38]，例如利用 Pushover 方法得到的荷载位移曲线，将结构等效为SDOF体系，然后用动力弹塑性分析方法求出等效 SDOF 体系的最大位移。

（3）改进方法

Pushover 方法在理论上并不完备[39]，特别是具有对结构的动力特性反映不足的缺陷。为此，对 Pushover 方法进行改进成为抗震分析的一个热点，其中备受关注的是模态推覆分析 MPA（Modal Pushover Analysis）方法[40~42]，MPA 方法是介于静力非线性分析和动力非线性分析之间的一种新的分析方法，它保留了 Pushover 方法概念简单和计算费用低的优点，并且使分析结果能得到改进。

此外，由于 Pushover 分析的结果主要受加载模式和恢复力特性的影响，对于低层和中、多层建筑，研究表明加载模式的影响较小，此时，Pushover 分析结果受恢复力关系的影响较大。对于 Pushover 方法，针对加载模式的影响开展了较多的研究，而恢复力特性对分析结果影响的研究不多。

1.4.2 静力弹塑性方法及其对既有建筑的适用性

Pushover 方法的基本假定为多自由度体系 MDOF（Multi – Degree Of Freedom）的结构响应与一等效单自由度体系 SDOF（Single Degree Of Freedom）相关，这就意味着结构响应仅由结构的第一振型控制。实际工程中量大面广的既有钢筋混凝土和砌体结构房屋由于层数层高不大，以剪切变形为主，结构振动主要由第一振型决定，因而能很好满足 Pushover 方法基本假定的要求，适用于采用 Pushover 方法进行分析。

1.4.3 IDA 方法在非线性地震反应分析中的研究与应用

现行规范虽然指出可采用 Pushover 分析或动力弹塑性时程分析，但没有提出具体、规范和实用的方法。而如前所述，弹塑性动力时程分析也未能形成统一规范的方法，严重地影响了其实用性。

增量动力分析 IDA（Incremental Dynamic Analysis，也称动力 Pushover 方法）是近年发展起来的极具前景的方法，IDA 方法将一组地震记录（每条地震记录幅值都进行调整）作为输入，通过结构动力非线性分析，获得从弹性到最终整体动力失稳的结构全过程反应，由于兼顾结构动力反应的特点和体现不同地震水准对结构的影响，能克服 Pushover 方法的不足，可获得从弹性到最终整体动力失稳的结构全过程反应[43]，因而能很好满足基于性态抗震的需要[44]，正逐渐发展为性态抗震设计和地震易损性分析中精度较高的非线性地震反应分析方法。IDA 方法全面地揭示了结构在不同地震波强度、不同地震波输入特性下的动力反应，为我们深刻了解结构抗震性能提供了有效手段[45]。需要指出的是，由于采用多条地震记录进行分析，随后对分析结果进行基于概率理论的后处理，IDA 已不再是确定性的分析方法。

IDA 本质上也是一种参数分析方法。通过增量动力分析：①可以更好地了解罕遇或相当严重的地震动对结构的影响；②可以更好地了解结构反应特性随地震动强度增长的变化情况；③可以更好地估计整体结构体系的性能状态；④通过多记录增量动力分析研究，可以了解结构反应参数对地震动记录的敏感性；⑤可以研究结构整体的抗倒塌能力。

结构倒塌问题在抗震安全评价中备受关注。IDA 在分析结构整体抗倒塌能力及计算倒塌发生的年平均概率方面具有其独特的优势，因此，近年来美国开展了一系列倒塌储备系数 CMR（Collapse Margin Ratio）的研究[46]，主要手段就是 IDA 方法。作为分析钢框架结构整体倒塌能力的最新方法，IDA 方法现已被 FEMA350－352[47~49] 所采用，并给出了分析步骤。在国内，杨成[50] 等推荐采用弹塑性反应谱作为 IDA 的烈度度量（IM），同时给出随地震烈度改变而不断变化的屈服强度系数，提出了改进的 IDA 方法。汪梦甫等研究认为[51]，IDA 分析较模型试验能得到更多的结构动力性能信息，还极易与概率地震危险性分析结果融合，得到考虑实际场地震环境的结构地震失效概率计算方法。

关于 IDA 方法的研究一度曾集中于 IDA 曲线纵坐标（IM）和横坐标（DM）

的参数选择，其中 IM 的参数选择是 IDA 方法发展中的难点。文献［52］列出采用 IDA 方法面临一系列的问题主要有：①对地震动原始记录进行比例调整是否合理，如能否反映随着震源距增加、高频分量衰减快这一现象；②地震动强度指标能否真正代表地震动的潜在破坏势；工程需求参数能否反映不同性能水准的要求且与损伤指标及损伤状态有很好的相关性；③如何在 IDA 曲线上定义性能水准及极限状态；④如何处理多记录 IDA 的数据及在基于概率的性能评估中的应用；⑤计算量巨大，使得寻求基于 IDA 思想的实用简化方法成为目前的研究热点。Vamvatsikos 和 Cornell 提出了基于 Pushover 对等效单自由度体系进行 IDA 分析的 Static Pushover 2 Incremental Dynamic Analysis（SPO2IDA）方法[44]。与之类似，基于模态推覆的增量动力分析 MIDA（Modal Pushover Analysis Based Incremental Dynamic Analysis）方法基于 MPA 理论，对各阶模态进行 Pushover 分析，再通过对相应于各阶模态的 SDF 体系进行 IDA 分析。通过对 3 层、9 层和 20 层钢框架结构的研究，Sang Whan Han 和 Chopra 认为[53]，该方法在全过程层间位移角的分析中具有相当的精度，对结构能力的评价没有系统偏差。MIDA 方法采用考虑前几阶模态影响的侧向力模式，而 Hossein Azimi 等提出了只需进行一次 Pushover 分析的 IMP 方法[54]，进一步减少了计算工作量。经与 IDA 和 MIDA 方法的对比，采用 IMP 方法得到的结构反应较大，处于上限，表明 IMP 方法偏于保守。由于只考虑 2 阶模态的影响，IMP 方法适用于楼层不高的规则建筑，当需考虑高阶模态影响时，需要对侧向力模式进行更正。这几种方法的共同点都是通过对 SDOF 体系进行非线性动力分析，使得 IDA 的计算量大大降低，与静力非线性分析方法相比，具有以下优点：①可以清楚地获得侧向动力失稳发展过程；②分析结果包含各条地震记录变化的影响；③能获得基于概率的结构反应，能明确地考虑地震动的不确定性。

　　Pushover 方法虽然对结构的动力特性反映不足，但能通过对结构从弹性到非线性发展全过程的分析，很好地反映结构非线性受力和位移的关系。IDA 方法能很好地反映结构动力反应特征，不仅能提供直观的结构性能，还能清楚地反映 Pushover 与动力反应之间的关系[56]，Vamvatsikos 和 Cornell 根据多个系统的 IDA 曲线段特性的经验关系，提出静力 Pushover 曲线能用于非线性动力反应的估计[55]。由于静力分析方法的最终目的也是期望能对结构动力反应进行估计，因此，利用 Pushover 曲线修正 IDA 曲线观察结构的非线性地震受力反应，或利用 IDA 曲线修正 Pushover 曲线体现结构的动力反应特性[57]，二者结合，相互修正，成为正在发展中的结构抗震性能评估的一条重要途径[50]。

1.5 既有建筑抗震性能评价中存在的主要问题

通过对当前震害的总结，土木工程界对抗震理论发展方向取得了一些共识：对中震可修的目标需进行合理量化；通过强化第二阶段抗震设计方法，实现合理的破坏机制，确保大震不倒的设防目标得以实现。强震下结构进入弹塑性阶段，因此需要加强对弹塑性分析的研究，而基于性态的抗震设计发展中也要求对结构的弹塑性性能有深入的了解和把握，为此国外已经展开了相应的研究[56,58]。既有建筑非线性地震反应分析方面的主要问题有：

（1）既有建筑与新建建筑不同，最大的差异在于既有建筑受力性能劣化。尽管有限的构件试验研究认为，耐久性损伤对既有混凝土结构的恢复力特性有很大的影响[59]。然而结构层次抗震性能评价方面，由于缺乏考虑既有结构抗震性能退化的合理方法，当前反映既有建筑抗震性能退化特点的非线性分析方法很少，尽管 Pushover 分析已发展成为抗震性能评价的主要方法，但其在既有建筑的应用也只是概念性的。

（2）从抗侧力体系上看，现有的 Pushover 方法的研究集中在以钢筋混凝土框架结构为代表的杆系抗侧力体系上，而对剪力墙抗侧力体系研究不够深入，研究者虽然对墙体抗侧力体系提出了一些非线性抗震分析的模型，但大都只适用于墙片构件，缺乏既能适用于结构整体分析又能较好反映薄弱环节的模型及相应的非线性分析方法。

（3）改造后形成的新老结合结构体系受力非常复杂，加固后结构体系弹塑性分析方法的研究非常薄弱，特别是，新老结合结构共同工作的影响因素最主要有约束效应、界面行为和二次受力等，针对这些特点的非线性地震反应分析方法非常缺乏，已经严重滞后于抗震加固发展的需要。

（4）从结构类型上看，砌体是地震作用下破坏最严重、最容易倒塌的结构形式之一，而砌体结构、底部框架（框剪）砌体结构这些结构类型在我国既有建筑中占据主要部分，对于这些结构在加固改造前后的抗震性能研究亟待加强。对于砌体结构采用构造柱圈梁、配筋砂浆面层或板墙等方式加固后提高了延性，形成的复合结构，以往三水准两阶段设计方法由于在弹性阶段构造柱圈梁的作用未能有效发挥，对构造柱圈梁仅简单按照构造处理，而在弹塑性分析时，必须考虑这些加固方式对于结构抗震性能的影响，随着抗震技术特别是性态抗震技术的发展，新的要求使得我们必须重新考虑这些加固方式对于结构弹塑性行为的影响。

既有建筑抗震性能评价方法方面存在的主要问题有：

（1）针对既有建筑受力性能劣化和损伤特点，进行结构性态抗震评价的体系和指标比较含糊。由于缺乏结构整体层次的评价方法，按现行规范基于构件层次的设计，导致结构整体安全性能有较大差异，突出表现在遭遇极端灾害荷载时结构具有不同的抗倒塌能力[60]。

（2）目前，国内外学者对于新建工程基于性态的抗震设计进行了多方面的研究，而针对既有结构基于性态抗震的加固改造方面却少有研究。

（3）相对于既有结构的可靠度分析、评定而言，针对改造加固后结构整体体系层次评价的研究则明显偏少[61]。即使是既有结构可靠性方面的专著[62]，也鲜有论及加固结构。由于缺乏对改造后结构体系在结构整体层次上进行评价的方法[50]，从而使加固改造后大震不倒等备受关注的设防目标是否能够落实无法界定，已不能满足当前强化第二阶段抗震设计的现实需求。

（4）特别需要指出的是，基于 IDA 分析和评价的方法尽管极具前景，但目前还在探索研究当中，国外在运用 IDA 进行结构性态评价、倒塌模拟分析等方面进行了重点研究[46]，主要研究对象为钢框架结构，针对混凝土结构的研究不多，特别是加固改造后混凝土结构中的应用尚属空白。

总的说来，既有建筑抗震性能提升改造的需求巨大，亟待开发与功能提升改造相适应的既适用于对改造前的结构体系，又适用于改造后新老结构共同工作结构体系的评价方法体系。

1.6 本书研究背景和意义

本书研究针对既有建筑抗震性能提升改造的迫切需求，从理论分析、试验分析和数值模拟三个方面，在基于性态抗震先进理念框架下，针对既有建筑进行静力和动力非线性分析方法及其实现技术的研究。

基于性态抗震是未来抗震设计的发展方向，基于性态抗震的理论自身也在发展之中，将其应用于改造工程，探索与功能提升的改造发展方向的结合有着重要的学术意义。在我国既有建筑结构中，混凝土结构和砖混结构量大面广，抗震加固改造需求量巨大，本书以混凝土和砌体结构为研究对象，适应抗震改造的现实需求。汶川地震后，加固改造后结构在地震作用下抗倒塌安全性受到社会广泛关注。本书针对既有混凝土结构抗震加固改造性能评估的迫切需求，在基于性态抗震理念的框架下，通过在结构整体层次上的非线性分析，进行抗震性能分析评价的研究，并将研究成果应用于抗震加固改造实际工程当中，期望能部分填补既有结构加固后结构整体抗震性能评价技术的空白。本书研究适应加固改造技术的发展和要求，具有较强的应用价值。

1.7 本书的主要内容及安排

本书的目的就是在基于性态抗震理念的平台上，通过提出相关的数值计算模型，在对模型进行验证后，构建适用于加固改造前后的既有建筑结构抗震性能评价方法体系，开发实现技术。

本书主要工作包括：

（1）针对既有混凝土结构，通过理论和试验分析，发展了锈蚀引起粘结退化的数值模型；为反映锈蚀导致混凝土的性能劣化，对通用的混凝土本构关系进行了改进；通过与已有试验研究的对比，在构件层次上验证了模型的合理性，提出基于钢筋锈蚀的静力非线性分析方法，并进行了实现。

（2）对于剪力墙抗侧力体系，基于钢筋混凝土薄膜元软化桁架理论，考虑弯曲和剪切的耦合，结合所收集的试验研究成果，首先对混凝土实体墙的数值模型进行了研究，在此基础上，通过对连梁和整体建模方法的研究，提出了开洞混凝土墙体静力非线性分析的方法和实现技术，数值仿真结果经与已有联肢墙试验对比，符合地较好，验证了该方法的正确性。

（3）针对加固后结构的非线性分析方法进行了研究，研究内容涉及新老结合共同工作结构体系的约束效应和界面行为。选取以外包钢加固框架结构为代表的杆系结构，研究了考虑约束效应的数值模型，经与已有外包钢加固柱试验研究结果对比，在构件层次上验证了数值分析方法的合理性，给出和实现了外包钢框架结构整体静力非线性分析方法；选取以配筋砂浆面层加固砌体结构为代表的剪力墙结构，针对钢绞线网聚合物砂浆的加固方式，进行了面内剪切的试验，研究了界面行为，在研究墙体抗震性能试验成果的基础上，提出了相应的静力非线性分析方法及其实现技术。

（4）在总结模态推覆分析方法理论基础后，以外包钢加固混凝土框架结构为算例，研究了滞回模型对模态推覆分析结果的影响，通过与纤维模型的动力非线性分析对比，验证了增量动力分析方法对既有建筑结构的适用性，提出了通过基于模态推覆分析的增量动力分析方法实现静力非线性模型和动力非线性分析融合的思路，开发了实现技术。

（5）归纳总结了针对既有结构损伤特点的性态抗震评价方法，扩展了基于性态抗震的框架体系。

本书研究工作之间的关系框图见图 1-2。

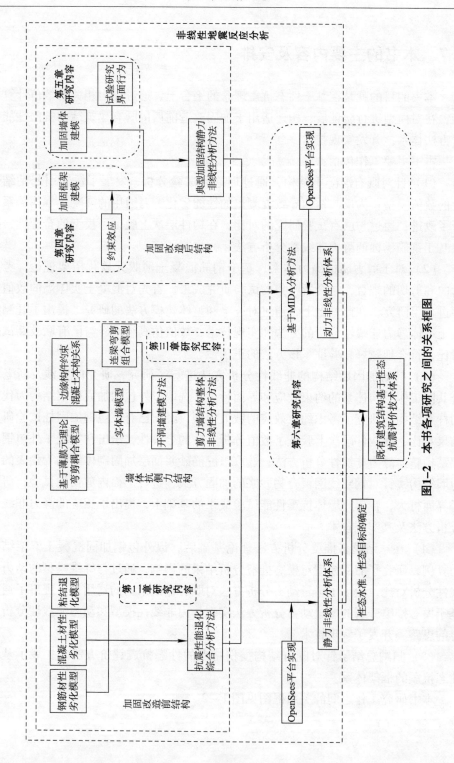

图 1-2 本书各项研究之间的关系框图

参考文献

［1］湖南省统计局．湖南统计年鉴2009［M］．北京：中国统计出版社，2009.

［2］美国工程科学院全国研究会地震工程研究委员会主编，罗学海．论地震工程研究1982［M］．北京：地震出版社，1988.

［3］FEMA，ASCE．FEMA 356 Prestandard And Commentary For The Seismic Rehabilitation Of Buildings［R］．Washington，D. C.：Federal Emergency Management Agency，2000.

［4］朱伯龙，刘祖华．建筑改造工程学［M］．上海：同济大学出版社，1998.

［5］孟丽岩，王凤来，潘景龙．既有未碳化混凝土力学性能的试验研究［J］．工业建筑．2004，34（07）：44－46.

［6］Luisa Berto，Renato Vitaliani，Anna Saetta，Paola Simioni．Seismic assessment of existing RC structures affected by degradation phenomena［J］．Structural Safety．2008，10（9）：1－14.

［7］California Seismic Safety Commission．Seismic Evaluation and Retrofit of Concrete Buildings（Report No. ATC－40）［R］．California：Applied Technology Council，1996.

［8］Applied Technology Council（ATC－33 Project）．FEMA Publication 273 NEHRP Guidelines For The Seismic Rehabilitation Of Buildings［R］．Washington，D. C.：BSSC，2006.

［9］K. Maekawa，A. Pimanmas，H. Okamura．Nonlinear Mechanics of Reinforced Concrete［M］．London and New York：Spon Press，2004.

［10］姚继涛．既有结构可靠性理论及应用［M］．北京：科学出版社，2008.

［11］范文亮，李杰．改造加固后建筑结构的可靠度分析方法研究［C］．既有建筑综合改造关键技术研究与示范技术交流会．深圳：2009.

［12］徐有邻，王晓锋，刘刚等．混凝土结构理论发展及规范修订的建议［J］．建筑结构学报．2007，28（01）：1－6.

［13］Jianzhuang Xiao，Jie Li，Bolong Zhu，Ziyan Fan．Experimental study on strength and ductility of carbonated concrete elements［J］．Construction and Building Materials．2002，16：187－192.

［14］Chang Cheng－Feng，Chen Jing－Wen．Strength and Elastic Modulus of Carbonated Concrete［J］．ACI Materials Journai．2005，102（5）：102－136.

［15］耿欧，袁广林．碳化混凝土全应力－应变关系及梁受弯承载性能研究［J］．工业建筑．2006，36（01）：44－46.

［16］Applied Technology Council．FEMA 445 Next－Generation Performance－Based Seismic Design Guidelines［R］．Federal Emergency Management Agency，2006.

［17］中国建筑科学研究院．JGJ 116－98建筑抗震加固技术规程［S］．北京：中国建筑工业出版社，1998.

［18］四川省建筑科学研究院．GB 50367－2006混凝土结构加固设计规范［S］．北京：中国建筑工业出版社，2006.

［19］中国建筑科学研究院．JGJ 123－2000既有建筑地基基础加固技术规范［S］．北京：中国建筑工业出版社，2000.

［20］清华大学土木工程系．CECS 77：96钢结构加固技术规范［S］．北京：中国建筑工业出版社，1996.

［21］国家工业建筑改造与诊断工程技术研究中心．CECS 146：2003 碳纤维片材加固混凝土结构技术规程［S］．北京：中国计划出版社，2003.

［22］中华人民共和国建设部．GB 50023－1995建筑抗震鉴定标准［S］．北京：1995.

［23］重庆市土地房屋管理局．JGJ 125：99 危险房屋鉴定标准［S］．北京：中国计划出版社，2000.

［24］中华人民共和国冶金工业部．GBJ 144－90工业厂房可靠性鉴定标准［S］．北京：中国建筑工业出版社，1991.

[25] 四川省建设委员会. GBJ 50292 – 1999 民用建筑可靠性鉴定标准 [S]. 北京：中国建筑工业出版社，1999.

[26] 中国建筑科学研究院. JGJ 116 – 2009 建筑抗震加固技术规程 [S]. 北京：中国建筑工业出版社，2009.

[27] 中华人民共和国建设部. GB 50023 – 2009 建筑抗震鉴定标准 [S]. 北京：中国建筑工业出版社，2009.

[28] 顾祥林，许勇，张伟平. 既有建筑结构构件的安全性分析 [J]. 建筑结构学报. 2004, 25 (6)：117 – 122.

[29] 国家自然科学基金委员会工程与材料科学部. 建筑、环境与土木工程 2 土木工程卷 [M]. 北京：科学出版社，2006.

[30] 中国地震局工程力学研究所等. CECS160：2004 建筑工程抗震性态设计通则 [S]. 北京：中国计划出版社，2004.

[31] 魏琏，顾滇. 钢筋混凝土框架抗震加固方法 [J]. 建筑结构学报. 1982 (03)：46 – 55.

[32] 中华人民共和国建设部，国家质量监督检验检疫总局. GB 50011 – 2001 建筑抗震设计规范 [S]. 北京：中国建筑工业出版社，2002.

[33] 梁兴文，叶艳霞. 混凝土结构非线性分析 [M]. 北京：中国建筑工业出版社，2007.

[34] 龚胡广，沈蒲生. 一种基于位移的改进静力弹塑性分析方法 [J]. 地震工程与工程振动. 2005, 25 (3)：18 – 23.

[35] 易伟建，蒋蝶. 一种基于滞回耗能的改进 pushover 分析方法 [J]. 自然灾害学报. 2007, 16 (3)：104 – 108.

[36] 汪梦甫，周锡元. 高层建筑结构抗震弹塑性分析方法及抗震性能评估的研究 [J]. 土木工程学报. 2003, 36 (11)：44 – 49.

[37] 尹华伟，易伟建. 结构地震反应 Pushover 位移形状向量的选取 [J]. 湖南大学学报 (自然科学版). 2004, 31 (5)：88 – 93.

[38] Applied Technology Counci l (ATC – 33 Project). FEMA Publication 274 NEHRP Commentary On The Guidelines For The Seismic Rehabilitation Of Buildings [R]. Washington, D. C.：BSSC, 1997.

[39] 缪志伟，马千里，叶列平等. Pushover 方法的准确性和适用性研究 [J]. 工程抗震与加固改造. 2008, 30 (01)：55 – 59.

[40] K. Chopra Anil. A modal pushover analysis procedure to estimate seismic demands for unsymmetric – plan buildings [J]. Earthquake Engineering & Structural Dynamics. 2004, 33 (8)：903 – 927.

[41] Anil K. Chopra, Rakesh K. Goel. A modal pushover analysis procedure to estimate seismic demands for buildings：theory and preliminary evaluation [R]. Berkeley：Pacific Earthquake Engineering Research Center, University of California Berkeley, 2001.

[42] Hugo Bobadilla, Anil K. Chopra. Modal pushover analysis for seismic evaluation of reinforced concrete special moment resisting frame buildings [R]. Berkeley：Earthquake Engineering Research Center, University of California, 2007.

[43] L. F. Ibarra, H. Krawinkler. Global collapse of frame structures under seismic excitations [R]. California：Stanford University, 2005.

[44] Dimitrios Vamvatsikos, C. Allin Cornell. Seismic performance, capacity and reliability of structures as seen through incremental dynamic analysis [R]. California：Stanford University, 2005.

[45] 梁智垚，彭伟. 桥梁结构弹塑性地震反应分析新进展 [J]. 世界地震工程. 2007, 23 (04)：163 – 169.

[46] Applied Technology Council. Quantification of Building Seismic Performance Factors (FEMA P695) [R]. Redwood City, California：Federal Emergency Management Agency, 2009.

[47] FEMA. FEMA350 Recommended seismic design criteria for new steel moment – frame building [R]. Washington, D. C.：Federal Emergency Management Agency, 2000.

[48] SAC Joint Venture. FEMA351 Recommended Seismic Evaluation and Upgrade Criteria for Existing Welded Steel Moment – Frame Buildings [R]. Washington, D. C.：Federal Emergency Management Agency, 2000.

［49］SAC Joint Venture. FEMA352 Recommended Postearthquake Evaluation and Repair Criteria for Welded Steel Mo-ment – Frame Buildings ［R］. Washington, D. C. : Federal Emergency Management Agency, 2000.

［50］杨成, 徐腾飞, 李英民等. 应用弹塑性反应谱对 IDA 方法的改进研究 ［J］. 地震工程与工程振动. 2008, 28 (04): 64 – 69.

［51］汪梦甫, 曹秀娟, 孙文林. 增量动力分析方法的改进及其在高层混合结构地震危害性评估中的应用 ［J］. 工程抗震与加固改造. 2010, 32 (01): 104 – 109.

［52］韩建平, 吕西林, 李慧. 基于性能的地震工程研究的新进展及对结构非线性分析的要求 ［J］. 地震工程与工程振动. 2007, 27 (04): 15 – 23.

［53］Sang Whan Han, Anil K. Chopra. Approximate incremental dynamic analysis using the modal pushover analysis pro-cedure ［J］. Earthquake Engineering And Structural Dynamics. 2006, 35 (4): 1853 – 1873.

［54］Hossein Azimi, Khaled Galal, Oskar A. Pekau. Incremental Modified Pushover Analysis ［J］. The Structural De-sign Of Tall And Special Buildings. 2008 (4) .

［55］Cornell C. A. Vamvatsikos D. The Incremental Dynamic Analysis and its application to Performance – Based Earth-quake Engineering ［C］. Proceedings of the 12th European Conference on Earthquake Engineering. London: ASCE, 2002.

［56］Applied Technology Council. Effects of Strength and Stiffness Degradation on Seismic Response (FEMA P440A) ［R］. Redwood City, California: Federal Emergency Management Agency, 2009.

［57］毛建猛. Pushover 分析方法的改进研究 ［D］: ［博士学位论文］. 中国地震局工程力学研究所, 2008.

［58］Applied Technology Council (ATC – 55 Project). FEMA – 440 Improvement of Nonlinear Static Seismic Analysis Procedures ［R］. Washington: FEMA, 2005.

［59］陈新孝, 牛荻涛. 在役钢筋混凝土结构的地震破坏评估 ［J］. 西安建筑科技大学学报 (自然科学版). 2002, 34 (4): 305 – 308.

［60］陆新征, 叶列平. 基于 IDA 分析的结构抗地震倒塌能力研究 ［J］. 工程抗震与加固改造. 2010, 32 (01): 13 – 18.

［61］孙晓燕. 服役期及加固后的钢筋混凝土桥梁可靠性研究 ［D］: ［博士学位论文］. 大连理工大学, 2004.

［62］张俊芝. 服役工程结构可靠性理论及其应用 ［M］. 北京: 中国水利水电出版社, 2007.

第 2 章 考虑钢筋锈蚀的既有混凝土结构静力非线性分析方法研究

2.1 引言

　　既有结构需要考虑结构损伤导致结构性能劣化的时变影响[1]。早在 1991 年召开的第二届混凝土耐久性国际学术会议上，Mehta 教授作了题为《混凝土耐久性——五十年进展》的主题报告，指出了钢筋腐蚀对现代建筑结构危害的严重性，并把钢筋腐蚀列为混凝土结构破坏的首要原因[2]。

　　在材料层次，混凝土结构劣化的主要表现是混凝土碳化和钢筋锈蚀。近年来，随着人们对耐久性问题的关注，科研人员开展了大量针对混凝土碳化、钢筋锈蚀和氯盐侵蚀对混凝土结构力学性能的研究[2~4]。研究发现，钢筋锈蚀除了对钢筋本身的几何物理力学性能造成影响外，还会引起与混凝土粘结力的退化和混凝土的劣化，相对于其他影响因素而言，钢筋锈蚀对结构的影响复杂得多。

　　构件层次上，既有混凝土结构性能的劣化由混凝土、钢筋的材性劣化以及粘结退化所决定[5,6]。在抗震性能方面，国内已进行的锈蚀构件试验表明[7,8]，随着钢筋锈蚀程度的增长，试件承载力和延性降低，破坏性质朝着脆性方向发展，甚至出现从延性破坏到脆性破坏的转变。众所周知，延性性能和倒塌机制是结构抗震性能评价的主要问题[1]，可见，既有混凝土结构的特点对抗震性能有着重要影响。然而，在结构整体层次的分析上，考虑既有结构性能劣化影响的非线性地震反应分析方法却一直少有报道。

　　本章首先从锈蚀引起粘结退化和锈蚀导致混凝土的性能劣化出发，发展了相应的数值模型，在此基础上，构建了考虑钢筋锈蚀的静力非线性分析方法，通过数值分析，研究了不同锈蚀率和锈蚀空间分布不均匀对结构静力推覆结果的影响。需要特别指出的是，国内外在耐久性和可靠性研究中，对材性退化开展了大量研究，积累了丰富的成果。然而现有有限的针对既有混凝土结构抗震性能退化研究主要基于构件试验，构件试验获得的恢复力模型虽然能直接反映试验的宏观现象，但基于构件试验的研究和基于材料层次的侧重于本构关系的研究分属不同层次，缺乏沟通，以往的材料层次混凝土和钢筋材性退化的研究成果得不到利

18

用。本书研究直接基于材料层次本构关系，期望能与已有的材料层次的研究相衔接，搭设材料、构件和结构三个层次的连接途径。

2.2　考虑钢筋锈蚀对粘结退化影响的数值模型研究

2.2.1　节点钢筋粘结滑移研究概述

反复荷载作用下钢筋混凝土的粘结滑移机理非常复杂，图2-1反应了弹塑性阴影部位处的钢筋滑移现象。试验表明，梁纵筋滑移通常在破裂阶段前后发生，当观察到明显的节点内梁筋滑移时，梁端塑性变形的组成方式和刚度退化规律发生明显变化[9]；由于梁纵筋滑移使得在每一循环开始加载时，节点核心区的荷载-剪切变形曲线及梁端荷载-挠度曲线均出现滑移段，曲线产生捏缩现象，呈扁平形状，节点的刚度和耗散能量的能力有明显的降低[10]；梁端弯曲破坏的梁柱组合件的梁端塑性转角产生的层间位移和纵向钢筋在节点中的滑移产生的层间位移在总层间位移中所占的比例均随着位移幅值的增大而增大，在极限破坏时所占的比例分别约为60%和24%[11]。

当前，反复荷载作用下锈蚀钢筋在节点锚固区的粘结滑移试验和理论研究尚不成熟，与结构地震反应分析密切相关的锈蚀钢筋在节点锚固区粘结滑移模型很少。采用有限元分析粘结滑移时，模型主要有唯象连续连接弥散模型的截面弯矩-滑移转角恢复力模型和基于局部粘结-滑移关系的分离的粘结界面模型两种[12,13]，而粘结界面模型在结构整体层次的分析中显然很困难。钢筋屈服应变渗透使得节点钢筋粘结滑移的数值模拟更加复杂，研究认为[14]，获得结构反应和相应的损伤需要精确的模型来模拟发生在构件端部的局部弹塑性变形。采用增加弯曲变形来间接考虑屈服应变渗透效应可能会得到令人满意的结构体系整体的力-变形反应，然而，有限元分析的目标是希望能同时获得满意的结构整体的和局部的反应，这样做将会过高估计了构件临界弹塑性区域的应变和截面曲率，从而高估了结构损伤。

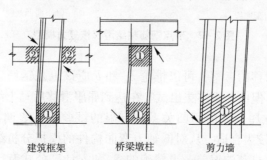

建筑框架　　　　　桥梁墩柱　　　　　剪力墙

图2-1　弹塑性区钢筋滑移现象

2.2.2　考虑钢筋锈蚀对粘结退化影响的数值模型

2.2.2.1　节点钢筋粘结滑移恢复力模型

为了能在获得满意的结构整体反应同时，又能获得可靠的局部反应，Zhao 等[14]根据试验结果提出了考虑节点屈服应变渗透的钢筋应力与滑移恢复力模型。骨架曲线由钢筋屈服前的直线段和屈服后的曲线段组成，如图 2-2 所示，特征点参数主要有钢筋屈服应力 σ_y 与屈服滑移量 S_y，极限应力 σ_u 与极限滑移量 S_u，屈服后强化系数 b 以及捏缩系数 R，最关键的参数是屈服滑移量 S_y。S_y 的计算公式根据试验数据由线性回归拟合得到，如下式：

$$S_y = 2.54\left(\frac{d_b}{8437}\frac{f_y}{\sqrt{f_c'}}(2\alpha+1)\right)^{\frac{1}{\alpha}} + 0.34 \qquad (2-1)$$

式中　　d_b——钢筋直径；

　　　　f_y——钢筋屈服强度；

　　　　f_c'——混凝土圆柱体抗压强度；

　　　　α——按欧洲模式规范 CEB[15] 取 0.4。

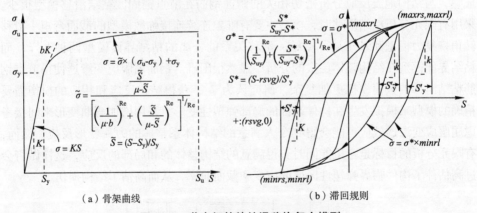

（a）骨架曲线　　　　　　　　　　　（b）滞回规则

图 2-2　节点钢筋粘结滑移恢复力模型

通过对屈服滑移的考察，可以推论 S_u 和 b 应该也是钢筋、混凝土性能以及钢筋直径的函数，但由于很多拔出试验在达到屈服滑移后马上终止，没有足够的试验数据用来建立屈服后的回归关系，有限的试验数据表明，$S_u = (30 \sim 40)S_y$，$b = 0.3 \sim 0.5$ 较为合适。从对低轴力弯曲构件的模拟分析结果来看，建议的参数设置没有引起显著的偏差。更精确的 S_u 和 b 计算公式有待通过更多试验来建立。定义的滞回规则中，卸载刚度为 K，再加载曲线与应力历史有关。仿真分析表明，采用该粘结滑移恢复力特性能在模拟产生应变渗透的梁柱节点、剪力墙节点有较高的精度[16,18]。

2.2.2.2 修正的节点钢筋屈服滑移量计算公式

本章从粘结滑移本构关系出发，推导计算屈服滑移量 S_y 的修正公式。

按照欧洲模式规范 CEB 提供的粘结滑移关系（图 2-3）：

$$\tau = \tau_{max}(\frac{S_y}{S_1})^\alpha \tag{2-2}$$

取约束混凝土其他锚固条件下的参数：$S_1 = 1.0mm$，$\tau_{max} = 1.25\sqrt{f'_c}$（$f'_c$ 单位为 "MPa"），$\alpha = 0.4$。

屈服应变向节点内渗透后，表现为粘结长度降低，因此，考虑节点粘结滑移，关键在于有效锚固长度的计算。在钢筋屈服时，由钢筋的平衡关系计算有效锚固长度：

$$l_e = \frac{d_b}{4}\frac{f_y}{\tau} \tag{2-3}$$

综合已有试验现象[16-18]，假定钢筋屈服以前，节点内钢筋沿锚固长度的应变近似直线分布，如图 2-4 所示。忽略混凝土变形影响，由钢筋的几何关系和物理关系，计算钢筋屈服时加载端的滑移：

$$S_y = \int_0^{l_e}\varepsilon_s dx = \frac{1}{2}l_e\frac{f_y}{E_s} = \frac{d_b}{8}\frac{f_y^2}{E_s\tau} \tag{2-4}$$

将式（2-2）代入，可得：

$$S_y = (\frac{d_b}{8}\frac{f_y^2}{E_s\tau_{max}})^{0.714} = (\frac{d_b}{10}\frac{f_y^2}{E_s\sqrt{f'_c}})^{0.714} \tag{2-5}$$

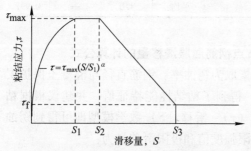

图 2-3 CEB 提供的粘结滑移关系

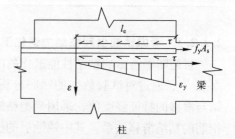

图 2-4 节点钢筋屈服时粘结力和应变分布示意图

将 Zhao 经验公式、文献 [14] 中列出的试验数据与按式（2-5）计算结果列于表 2-1，文献中未提供钢筋弹性模量试验值，由于钢材弹性模量差别不大，统一取为 200GPa。式（2-5）和 Zhao 公式的计算结果与试验结果比值的相关系数分别为 0.95 和 0.9，表明采用式（2-5）计算加载端的滑移量合理可行。计算结果离散稍大主要由于粘结滑移试验结果本身离散较大，实际钢筋弹性模量与计算值的差异以及假定条件的局限等原因所致。

S_y 的计算值与试验值比较　　　　　　　　　　　　　　　　　　　表 2 - 1

ID	试验结果					Zhao 拟合公式计算		式（2 - 5）计算	
	f_c'（MPa）	d_b（mm）	l_a（mm）	f_y（MPa）	$S_{y,t}$（mm）	S_y（mm）	$S_y/S_{y,t}$	S_y（mm）	$S_y/S_{y,t}$
1	37.6	10.2	673.1	403.3	0.3	0.36	1.20	0.24	0.80
2	19.6	19.1	762	350.3	0.5	0.49	0.98	0.39	0.77
3	19.6	19.1	762	610.2	0.9	0.94	1.04	0.86	0.95
4	19.6	19.1	762	819.8	1.6	1.596	1.00	1.30	0.81
5	28.6	12.7	266.7	708.8	0.5	0.536	1.07	0.69	1.38
6	28.6	12.7	266.7	708.8	0.5	0.536	1.07	0.69	1.38
7	26.1	12.7	355.6	708.8	0.5	0.56	0.70	0.71	0.89
8	26.1	12.7	355.6	708.8	0.7	0.56	0.80	0.71	1.02
9	32.1	12.7	431.8	708.8	0.5	0.51	0.85	0.66	1.11
10	32.1	12.7	431.8	708.8	0.5	0.51	1.02	0.66	1.33
11	27.7	25.4	711.2	537.8	1	0.92	0.92	0.77	0.77
12	27.7	25.4	711.2	537.8	1	0.92	0.92	0.77	0.77
13	28	25.4	863.6	537.8	0.8	0.912	1.14	0.77	0.96
14	28	25.4	863.6	537.8	0.8	0.912	1.14	0.77	0.96
15	28.8	19.1	609.6	438.5	0.4	0.502	1.26	0.46	1.16
16	32.5	25.4	635	468.8	0.7	0.677	0.97	0.60	0.86
						平均：	1.0	—	0.997

2.2.2.3　考虑锈蚀引起粘结力退化下节点钢筋屈服滑移量的计算公式

袁迎曙等将影响粘结性能退化的因素取为锈蚀率、钢筋直径与混凝土保护层厚度[19]，通过对试验数据的回归分析，得到了粘结性能特征值，并建议根据粘结与滑移的特征强度值，采用典型粘结（τ）- 滑移（S）数学模型即可得到锈蚀钢筋的粘结滑移关系，其中锈蚀后的极限强度值和极限滑移量为：

$$\tau_{max}^* = (1 - K_u \eta_s)\tau_{max} = \Phi_u \tau_{max} \tag{2 - 6}$$
$$K_u = 10.544 - 1.586(C/d)$$
$$S_u^* = (1 - 7.365\eta_s)S_u \tag{2 - 7}$$

式中：C、d、η_s 分别为混凝土保护层厚度、钢筋直径和平均锈蚀率（钢筋平均锈蚀率为试件铁锈重量与无锈蚀时钢筋重量之比）；τ_{max}^* 和 τ_{max}，S_u^* 和 S_u 分别为锈蚀和未锈蚀的极限粘结强度和极限滑移量。注意到，本公式回归试验的平均锈蚀率范围为 0 ~ 10%。

采用 CEB 的粘结滑移模型得到的锈蚀钢筋粘结滑移关系为:

$$\tau^* = \Phi_u \tau_{max} \left(\frac{S^*}{1 - 7.365\eta_s} \right)^\alpha \qquad (2-8)$$

将式 (2-8) 代入式 (2-4),即可以得到不同锈蚀量下钢筋屈服时加载端滑移量。

$$S_y^* = \left[\frac{d_b f_y^2 (1 - 7.365\eta_s)^{0.4}}{8 \quad E_s \Phi_u \tau_{max}} \right]^{0.714} = \left[\frac{d_b f_y^2 (1 - 7.365\eta_s)^{0.4}}{10 \quad E_s \Phi_u \sqrt{f'_c}} \right]^{0.714} \qquad (2-9)$$

2.3 考虑钢筋锈蚀的损伤混凝土改进本构模型

2.3.1 钢筋锈蚀对混凝土受力性能的影响

与未锈蚀时相比,锈蚀后混凝土构件破坏的重要转变之一,就是混凝土强度的退化对构件受压破坏出现时机和承载能力有着重大影响。综合分析已有的研究成果,本书认为,结构分析时必须考虑劣化后混凝土的受力性能才能准确把握结构的反应。国内外大量研究集中在锈胀开裂时间、锈胀裂缝宽度预测等方面,国外开展了局部或全部无混凝土保护层构件的试验研究,以模拟混凝土劣化损伤[12],然而,对于与结构性能密切相关的锈蚀损伤混凝土力学性能特别是本构关系的研究却不多。

Roberto Capozucca 等[21]提出钢筋锈蚀对压区混凝土影响的考虑方法,即通过动力识别(主要是频率数据)得到损伤系数 DC,由 DC 和混凝土峰值应变值确定未损伤混凝土与损伤混凝土的抗压强度比值 λ,λ 的值大约是 $1.5 ~ 2.5$[1,21],损伤影响顶部 2 倍保护层厚度范围内的压区混凝土。

关于锈蚀引起混凝土的开裂和剥落对受压混凝土的影响,D. Coronelli 等[20]建议对保护层混凝土的抗压强度和峰值后脆性性能加以考虑。降低后的混凝土强度按式 (2-10) 计算:

$$f_c^* = \frac{f_c}{1 + K\varepsilon_1/\varepsilon_{c0}} \qquad (2-10)$$

式中　　K——与钢筋表面情况和直径有关的系数,对于中等直径的带肋钢筋,建议取 0.1;

ε_{c0}——与峰值压应力 f_c 对应的应变;

ε_1——在与受压垂直方向上开裂混凝土的平均拉应变,ε_1 由式 (2-11)计算。

$$\varepsilon_1 = (b_f - b_0)/b_0 \qquad (2-11)$$

式中　　b_0——开裂前截面宽度；

　　　　b_f——由锈胀开裂变大的截面宽度。

$$(b_f - b_0) = n_{bars}w_{cr} \tag{2-12}$$

式中　　n_{bars}——受压钢筋数量。

　　如图 2 - 5 所示，由锈蚀产物环绕锈蚀钢筋堆积且不可压缩的假定，可以得到：

$$w_{cr} = \sum_i u_{i\,corr} = 2\pi(v_{rs} - 1)X \tag{2-13}$$

式中　　v_{rs}——锈蚀产物相对原金属的体积膨胀率；

　　　　X——腐蚀深度。

v_{rs} 的值建议取为 2，则上式右端为 $2\pi X$。

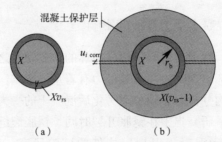

图 2 - 5　锈胀裂缝与锈蚀深度的关系

2.3.2 锈蚀损伤混凝土的改进本构模型

　　通过上面分析研究，本章建立了锈蚀损伤混凝土本构关系，使之能方便地用于考虑锈蚀特别是锈胀导致混凝土性能劣化的结构分析之中。

　　已有大量研究表明[21~23]，约束混凝土的延性和峰值应力都得到增强，对于约束增强作用可以采用与约束作用相关的增强系数来考虑。与此类比，本章在 Kent - Scott - Park 本构模型[24] 的基础上进行改进，发展了锈蚀损伤混凝土的本构关系。锈蚀损伤混凝土的改进本构模型中，锈胀损伤后混凝土的峰值应变以及 $epsU'$ 都按削弱系数 K' 来考虑，见图 2 - 6。削弱系数 K' 如式（2 - 16）所示，这样能将混凝土本构关系统一起来。

$$\begin{cases} \sigma = K'f_c[2(\varepsilon/\varepsilon_0) - (\varepsilon/\varepsilon_0)^2] & (\varepsilon \leqslant \varepsilon_0) \\ \sigma = K'f_c[1 - Z(\varepsilon - \varepsilon_0)] & (\varepsilon_0 < \varepsilon \leqslant \varepsilon_u) \end{cases} \tag{2-14}$$

$$Z = \dfrac{0.5}{\dfrac{3 + 0.29f_c^*}{145f_c^* - 1000} - 0.002K'} \tag{2-15}$$

$$K' = \frac{f_c^*}{f_c} \qquad\qquad (2-16)$$

式中：$\varepsilon_0 = 0.002K'$；f_c 为混凝土圆柱体抗压强度。应变 ε 超过峰值后，由锈胀程度决定极限抗压强度为 $0.2K'f_c$ 甚至为 0（混凝土剥落时）。

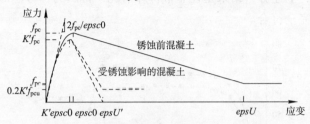

图 2-6　考虑锈蚀损伤的混凝土改进本构关系

试验表明[28]，钢筋截面的锈蚀存在方向性，锈蚀主要集中在靠近构件截面边缘一侧，相应的锈胀裂缝也主要存在于该侧，因此可以假定受锈蚀影响的混凝土集中在保护层。

2.4　考虑钢筋锈蚀的既有混凝土结构静力非线性分析方法

2.4.1　碳化混凝土力学性能的研究

碳化对混凝土力学性能的影响可以通过本构关系来进行考察。已有试验表明[2-4]，碳化引起混凝土力学性能改变主要表现为随碳化加深，强度增加而延性降低（极限压应变降低）。

肖建庄等[2]提出碳化混凝土本构关系如下：

$$\begin{cases} \sigma = \sigma_0 \left[2\left(\dfrac{\varepsilon}{\varepsilon_0}\right) - \left(\dfrac{\varepsilon}{\varepsilon_0}\right)^2 \right], & \varepsilon \leq \varepsilon_0 \\[2mm] \sigma = \sigma_0 \left[\dfrac{\varepsilon_u - \varepsilon}{\varepsilon_u - \varepsilon_0} - \dfrac{\varepsilon_0 - \varepsilon}{\varepsilon_u - \varepsilon_0}(1-\alpha) \times 0.85 \right], & \varepsilon_0 < \varepsilon \leq \varepsilon_u \end{cases} \qquad (2-17)$$

式中：α 为表面碳化百分比（截面碳化面积与整个截面之比）；σ_0 为考虑碳化百分比 α 时混凝土的峰值应力；ε_0 取 0.0015；ε_u 取 $(1.9 - 0.9\alpha)\varepsilon_0$。

可见，碳化混凝土本构关系与 Kent-Park 本构关系形式一样，都是由二次曲线上升段和直线下降段构成，只是特征点参数值有所变化。

2.4.2　单独考虑混凝土碳化对静力推覆结果的影响

取文献［2］的参数，混凝土未碳化抗压强度 30.71MPa，碳化后抗压强度 38.79MPa，梁柱碳化深度 17mm，将碳化混凝土特征参数引入 Kent-Scott-Park

本构模型，对文献［25］试验的单层单跨框架进行静力推覆分析，推覆曲线如图 2 - 7 所示。图 2 - 7 中可见，碳化后结构刚度加大，极限承载力增加，但达到极限承载力后会出现脆性破坏，延性降低。

应当说明，上述分析结果是在非常特殊情况下得出的，考虑的因素单一，与实际情况并不完全符合。

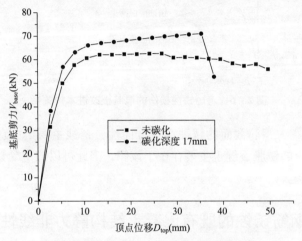

图 2 - 7　混凝土碳化对静力推覆结果的影响

2.4.3　考虑钢筋锈蚀的静力非线性方法的提出

已有研究认为[26]，碳化的影响深度有限，因而碳化引起的混凝土强度、脆性变化对构件和结构的影响也较小。

碳化对混凝土结构的影响可以分为直接影响和间接影响。直接影响是指对混凝土本身的影响，可以通过前述对混凝土本构关系的影响表现出来。混凝土碳化的影响不是孤立的，其最重要的间接影响是碳化为钢筋锈蚀提供条件。事实上，当保护层混凝土碳化但未开裂时，钢筋无锈蚀或锈蚀处于初始发生期，碳化引起混凝土强度提高，钢筋轻微锈蚀（1% ~ 4%）[31]使得混凝土与钢筋间粘结强度提高，从定性上看，此阶段混凝土碳化对结构受力性能的不利影响不会太大。碳化为钢筋锈蚀提供条件，而钢筋开始锈蚀后，对混凝土造成损伤，随着钢筋锈蚀程度加大，锈胀裂缝发生发展，可能使受压混凝土受力性能劣化严重，甚至出现分层、剥落现象；同时，钢筋的受力性能进一步劣化，它们之间的粘结强度退化，这些因素存在耦合作用，对结构的不利影响越来越大，此时对结构抗震性能需要重点关注。

基于上述分析，本书认为，随着钢筋锈蚀加大，锈胀裂缝的产生和发展，锈蚀对混凝土的损伤的影响变得更加重要。由于碳化为锈蚀提供了条件，锈蚀发展到一定程度后，碳化的影响主要通过钢筋的锈蚀反映出来。此时，对于既有混凝土结构，仅简单采用由混凝土试块获得的混凝土碳化本构关系已经不能反映实际结构的受力性能，把握住钢筋锈蚀的影响才是问题的关键。

综合以上分析，在采用静力非线性方法对结构非线性地震反应进行分析时，应以钢筋锈蚀为最基本的参数，通过引入锈蚀对粘结性能影响的数值模型和锈蚀损伤混凝土的改进本构模型，来考虑锈蚀对粘结性能退化的影响以及锈蚀导致混凝土损伤力学性能劣化。在此基础上，进行基于钢筋锈蚀的混凝土结构静力非线性分析。

2.5　考虑钢筋锈蚀混凝土结构静力非线性分析方法的实现

2.5.1　锈蚀钢筋本构关系

应该指出，钢筋的截面损失率通常大于重量损失率，随着锈蚀量的增大，锈蚀的不均匀性和离散性更大，重量损失率与截面损失率的差异越大。在评估钢筋混凝土结构的钢筋锈蚀量时，根据平均锈蚀裂缝宽度来评定某处钢筋的平均重量损失率比较现实[27]，而在计算锈蚀钢筋的力学性能时，用截面损失率来考虑更合理，为此，惠云玲等给出了截面损失与重量损失之间的统计关系[28,29]。本书研究时，为方便起见，主要采用失重损失率来量化钢筋锈蚀。

钢筋锈蚀在减少钢筋截面积的同时降低了钢筋的延性[20,30]。D. Coronelli 等定义坑蚀导致的截面积降低与原截面面积的比值 $\alpha_{\text{pit}} = \Delta A_{\text{pit}}/A_{\text{bar}}$，采用 α_{pit} 对极限应变的线性降低来考虑钢筋锈蚀对延性的影响。

袁迎曙等[19]通过对试验结果统计分析，在假定的基础上，提出了锈蚀钢筋名义应力（σ）–应变（ε）与锈蚀率之间的关系如下：

$$\varepsilon_y^* = \sigma_y^*/E_s \qquad (2-18)$$

$$\begin{cases} \sigma_y^* = (1.000 - 1.608\eta_s)\sigma_y \\ \varepsilon_u^* = (1.000 - 2.480\eta_s)\varepsilon_u \end{cases} \qquad 0 < \eta_s \leqslant 5\% \qquad (2-19)$$

$$\begin{cases} \sigma_y^* = (0.962 - 0.848\eta_s)\sigma_y \\ \varepsilon_u^* = (1.088 - 3.573\eta_s)\varepsilon_u \end{cases} \qquad \eta_s > 5\% \qquad (2-20)$$

式中：σ_y 和 ε_u，σ_y^* 和 ε_u^* 分别对应于未锈蚀钢筋和锈蚀钢筋屈服强度和极限应变。

应该指出，上面曲线以锈蚀率 5% 为分界，以考虑平均锈蚀与坑蚀对钢筋强度和延性的影响比较，与前述的采用截面锈蚀率与极限应变关系来考虑坑蚀影响比较，能得到一致的分析结果。

2.5.2　考虑锈蚀影响的节点钢筋粘结滑移恢复力修正模型

如图 2 - 8 所示，本章通过对 Zhao 的节点钢筋粘结滑移恢复力模型修正，得到考虑锈蚀影响下的节点钢筋粘结滑移恢复力模型，其中关键参数锈蚀状态下的屈服滑移量 S_y^* 按照式（2 - 9）确定。试算发现，分析结果对极限滑移量 S_u 和屈服后强化系数 b 取值不太敏感，加之试验资料不足，故 S_u 和 b 仍分别取（30 ~ 40）S_y 和 0.5，捏缩系数 R 在 0.5 ~ 1 之间，可根据实际调整。滞回规则仍采取图 2 - 2（b）所示的形式。

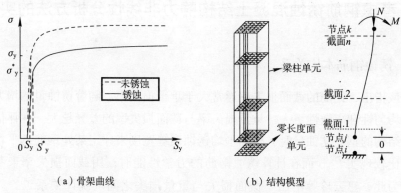

（a）骨架曲线　　　　　　　　（b）结构模型

图 2 - 8　考虑锈蚀影响的节点钢筋粘结滑移恢复力修正模型

2.5.3　结构模型的建立

结构地震反应模拟平台 OpenSees 中提供了 uniaxial Material Bond_ SP01 材料，该材料包含了 Zhao 等开发的考虑节点钢筋粘结滑移的恢复力关系[14]。结构建模时，只需在节点相同的部位定义零长单元，与节点连接，零长单元采用Bond_ SP01 材料。因此，本章的修正模型同样可以用于 OpenSees 平台当中，由于对结构模型的影响不大，增加的自由度不多，可以方便地进行结构分析。

2.6　静力非线性分析模型的算例和验证

为考察不同锈蚀程度下钢筋粘结性能退化对构件滞回特性的影响，本章设定 1% ~10% 的不同锈蚀率，基于纤维模型，采用 OpenSees 平台对文献［14］中 T 形节点帽梁与柱组合件的试验进行分析。圆柱高 1829mm，直径 609.6mm，保护层厚 35mm，沿周长方向配有 14 根 no.7 钢筋，混凝土和钢筋参数见表 2 - 2。柱上施加 400kN 轴力，然后进行低周反复水平加载。

混凝土定义为忽略受拉行为的 Concrete01 材料，钢筋为基于 Giuffré - Mene-gotto - Pinto 模型的 Steel02 材料；在截面上，核心混凝土划分为 70 × 22 根纤维，保护层混凝土划分为 70×2 根纤维，每根钢筋为一根纤维；组合件采用基于位移的 disp Beam Column 非线性单元模拟。零长单元中，锈蚀钢筋屈服时的滑移量 S_y^* 采用式（2-9）计算，如表 2-2，S_u 和 b 分别取 $35S_y^*$ 和 0.5。

不同锈蚀程度下钢筋的分析参数　　　　　　　　　　表 2-2

Case	d_b（mm）	f_y（MPa）	E_s（MPa）	f_c'（MPa）	η_s	C（mm）	S_y^*（mm）	ε_y^*	σ_y^*（MPa）	ε_u^*
1	22.2	448.28	200000	44	0	35.1	0.46	0.0022	448.28	0.058
2	22.2	448.28	200000	44	0.01	35.1	0.477	0.0022	441.07	0.057
3	22.2	448.28	200000	44	0.02	35.1	0.498	0.0022	433.86	0.055
4	22.2	448.28	200000	44	0.03	35.1	0.521	0.0021	426.65	0.054
5	22.2	448.28	200000	44	0.04	35.1	0.549	0.0021	419.44	0.053
6	22.2	448.28	200000	44	0.06	35.1	0.623	0.0020	408.43	0.051
7	22.2	448.28	200000	44	0.08	35.1	0.744	0.0020	400.83	0.047
8	22.2	448.28	200000	44	0.1	35.1	1.006	0.0020	393.23	0.043

2.6.1　本书模型的验证及分析

贡金鑫等在试验的基础上，通过对平截面假定计算的荷载-变形曲线进行修正，提出了受腐蚀钢筋混凝土构件恢复力模型的确定方法，可获得与试验符合的结果。其骨架曲线由式（2-21）得到[31]：

$$f_{corro} = f(1+\rho)^{\left[1+\frac{f}{f_{yy}(1-\rho)^3}\right]} \qquad (2-21)$$

式中　　f_{corro}——受腐蚀钢筋混凝土构件的变形；

f——仅考虑钢筋锈蚀引起截面面积减小后构件的变形；

f_{yy}——按钢筋锈蚀后面积计算的钢筋屈服时构件的变形；

ρ——钢筋截面损失率，均匀锈蚀时与重量损失率相同。

按式（2-21）计算前面算例，得到的骨架曲线与同时考虑粘结滑移与锈蚀钢筋本构关系下的荷载位移滞回曲线绘于图 2-9。图 2-9 中可见，不同锈蚀程度下，两种方法计算的骨架曲线均能吻合良好，均能反映由试验得到的受腐蚀钢筋混凝土构件骨架曲线的两个主要特征，即骨架曲线的峰值荷载减小，钢筋屈服后构件刚度衰减较快。证明本书提出的考虑锈蚀影响下节点钢筋粘结滑移恢复力模型，能从整体上反映结构在反复荷载作用下的实际受力性能，是合理可行的。

计算发现，在基于钢筋锈蚀的损伤混凝土本构关系中，当锈蚀率 η_s 取 4.8% 时对分析结果影响很小，此时也可不考虑混凝土本构关系的改变；η_s 取 4.8% 以后需考虑保护层混凝土极限强度对延性的影响。随着 η_s 的加大，构件刚度明显降低，仅考虑混凝土保护层劣化已不能反映实际构件受力性能，应同时再考虑粘结滑移的影响（如 η_s 取 18%~20% 时），特别是锈蚀引起的粘结退化的影响，才能准确预测构件性能。

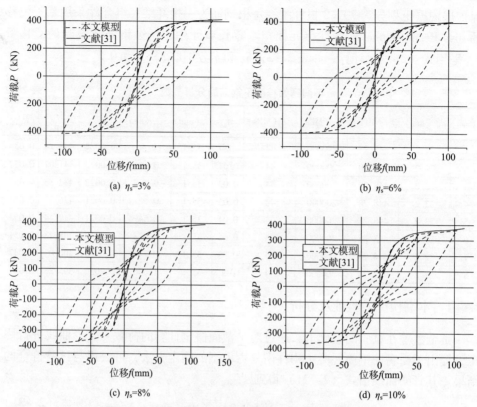

图 2 - 9　与文献［31］方法计算的荷载位移曲线对比

2.6.2　采用本书模型对不同锈蚀程度构件的分析

分析得到锈蚀率为 6% ~10% 与未锈蚀的荷载位移滞回曲线如图 2 - 10 所示。需要说明的是，未锈蚀时（η_s 为 0）的曲线与文献［14］的试验结果符合地很好，可认为接近真实结构的反应。

分析发现，当锈蚀率 η_s 低于 4% 时，荷载位移滞回曲线差别不大，锈蚀率超过 6% 时，随锈蚀率增加，强度有所退化，卸载及再加载刚度降低，捏缩效应明显，滞回环面积减小，构件耗能能力降低。不考虑粘结滑移影响和 η_s =10% 时考虑粘结退化的滞回曲线如图 2 - 10（b）所示，可见二者差别是很明显的。

2.6.3　综合本书模型和锈蚀钢筋本构关系对不同锈蚀程度构件的分析

钢筋锈蚀还伴随着钢筋力学性能的改变，采用式（2 - 18）~式（2 - 20）计算的锈蚀钢筋屈服应变，屈服应力和极限应变如表 2 - 2 所示。同时考虑节点钢筋粘结退化，分析计算的荷载位移滞回曲线如图 2 - 11 所示。可见，与只考虑锈蚀钢筋粘结滑移相比，当 η_s 大于 3% 时构件的强度和刚度退化就比较明显，捏缩效应也更加显著。η_s 取 10% 时和不考虑粘结滑移影响的滞回曲线如图 2-11（b）所示，可见二者差别非常明显，表明随着锈蚀率加大，不考虑包括钢筋锈蚀影响在内的粘结滑移，其分析结果将与实际反应偏差很大。

应当指出，张宇等[32]研究了考虑钢筋锈蚀的震损结构抗震性能评估方法，分析了钢筋混凝土结构考虑钢筋锈蚀因素及地震作用后结构抗震性能的变化，研究指出，钢筋锈蚀及地震损伤对钢筋混凝土结构抗震性能影响较大，表明对震损结构进行考虑钢筋锈蚀因素的抗震性能评估非常必要。

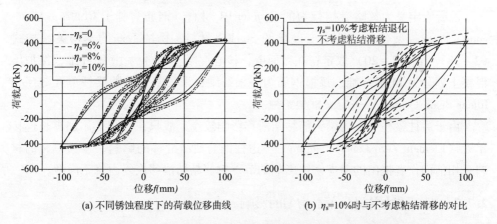

(a) 不同锈蚀程度下的荷载位移曲线　　　(b) η_s=10%时与不考虑粘结滑移的对比

图 2-10　基于本书模型对不同锈蚀程度构件分析的荷载位移曲线

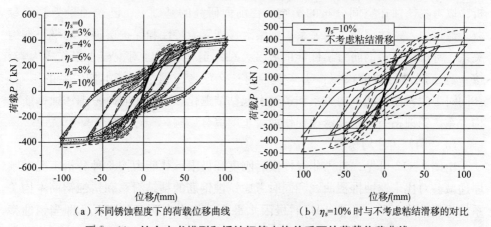

（a）不同锈蚀程度下的荷载位移曲线　　　（b）η_s=10% 时与不考虑粘结滑移的对比

图 2-11　综合本书模型和锈蚀钢筋本构关系下的荷载位移曲线

2.7　考虑钢筋锈蚀的混凝土框架结构静力非线性算例分析

为考察混凝土碳化和锈蚀导致粘结退化对结构整体层次的影响，本节对文献[25] 试验的单层单跨框架进行静力推覆分析。试验模型尺寸取为实际框架的

1/3，跨度为 2000mm，层高为 1200mm，柱截面为 160mm×160mm，梁截面为 100mm×200mm，保护层厚 20mm；梁、柱纵筋均采用 HRB335 级钢筋，箍筋采用 HPB300 级钢筋，其中柱主筋 4Φ10，梁主筋 4Φ12，箍筋均为 φ6@100；实测混凝土强度为 28.5MPa，柱和梁钢筋屈服强度分别是 414MPa 和 398MPa，框架柱轴压比为 0.25。试验首先对两个框架柱施加轴力，然后进行水平推覆。

2.7.1　模型建立

混凝土定义为忽略受拉行为的 Concrete01 材料，钢筋为基于 Giuffré – Menegotto – Pinto 模型各向同性应变硬化的 Steel02 材料，锈蚀钢筋的本构关系按式（2-18）~式（2-20）取定；在截面上，核心混凝土划分为 10 根纤维，保护层混凝土划分为 24 根纤维，每根钢筋为一根纤维；采用基于力的梁柱单元（Nonlinear Beam Column）来定义框架梁柱。

由于边柱梁柱节点内梁钢筋粘结滑移影响较小，故只在柱脚处添加零长连接单元（Element Zero Length Section）考虑柱钢筋粘结滑移的影响，零长单元的材料采用前面作者提出的考虑锈蚀影响的节点钢筋粘结滑移恢复力修正模型。

2.7.2　钢筋锈蚀空间分布不均匀的影响

设定锈蚀率为 10%，分为左右两边柱均锈蚀和一侧柱锈蚀两种情况进行分析，以考察锈蚀在空间分布的影响。在前面研究的基础上，已锈蚀量为基本参数，通过引入锈蚀钢筋本构关系、粘结滑移恢复力特性和保护层损伤混凝土本构关系，考虑锈蚀对钢筋力学性能的改变，粘结退化和锈蚀对混凝土损伤等因素。按 4 种工况进行数值模拟：①未锈蚀时；②仅考虑锈蚀钢筋本构关系的影响；③同时考虑锈蚀钢筋本构关系和锈蚀引起粘结退化影响；④同时考虑锈蚀钢筋本构关系、锈蚀粘结退化和锈蚀损伤混凝土的综合影响。

（1）两侧边柱均锈蚀

由图 2-12 可见，进入非线性段后刚度和极限承载能力按 4 种分析工况的顺序递减。对比未锈蚀推覆曲线和同时考虑锈蚀钢筋的粘结滑移和锈蚀钢筋本构关系的推覆曲线可见，η_s 取 10% 时极限水平承载能力有明显的降低，即当锈蚀率较大时，不考虑钢筋锈蚀的影响将使分析结果偏于不安全，特别是锈胀造成混凝土损伤，在极限承载力和刚度降低的同时，结构延性更有较大的降低，对抗震有明显的不利影响，与有关文献中提到的锈蚀会使结构向脆性方向发展的结论是一致的，从而验证了本章损伤混凝土的改进本构关系的合理性。

考虑锈蚀对混凝土的损伤后，得到的推覆曲线中下降段变陡，结构延性降低。可见，采用本章提出的锈蚀损伤混凝土本构关系，能够反映结构承载力、刚度特别是延性的降低，降低趋势与已有的锈蚀构件试验结果[7,8]是一致的，具体参数需要结合试验数据进行细致调整。

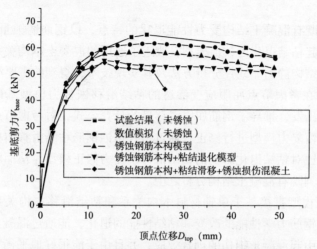

图 2-12 考虑钢筋锈蚀的框架结构静力推覆曲线

（2）一侧边柱锈蚀

设定这种情况的目的是考察锈蚀在空间分布不均匀的影响。从图 2-13 可见，由于结构对称，左侧或右侧发生一侧边柱的锈蚀后，结构抗震性能差异不太明显。但一侧锈蚀与两侧均锈蚀在结构极限承载力和屈服后刚度上存在差异，特别是在结构延性上，两侧锈蚀的结构延性降低更多，最终结构承载力有较突然的下降，表明锈蚀在空间上的分布不均匀会引起结构极限承载力、屈服后刚度和延性的改变。

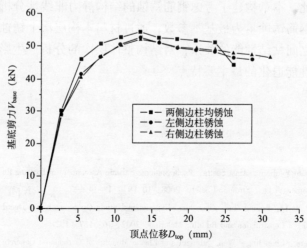

图 2-13 锈蚀部位对推覆曲线的影响

2.8　小结

本章针对既有混凝土结构受力性能退化的特点，以钢筋锈蚀量为基本参数，发展了锈蚀引起粘结退化的数值模型，改进了通用的混凝土本构关系，提出了考虑钢筋锈蚀的结构静力非线性分析方法及其实现技术，得到的主要结论如下：

（1）本章在考虑节点屈服应变渗透的粘结滑移恢复力模型基础上，从粘结滑移本构关系出发，推导了钢筋屈服滑移量的计算公式，对考虑节点屈服应变渗透的粘结滑移恢复力模型进行修正；通过引入锈蚀钢筋粘结滑移本构关系，得到了考虑钢筋锈蚀对粘结退化影响的粘结滑移恢复力修正模型，从而将粘结滑移恢复力模型引入到既有混凝土结构分析之中。

（2）修正模型直接基于单轴材料本构关系和粘结滑移本构关系，能方便地同时考虑锈蚀钢筋力学性能的改变和粘结性能的退化，能通过混凝土本构关系的改变考虑锈蚀引起混凝土损伤的耦合效应，并且由于能很好地平衡自由度与计算精度的关系，能适用于构件和结构整体层次的分析。

（3）采用本章的修正模型，与基于宏观构件层次试验的受腐蚀构件恢复力计算公式平行计算的结果取得了一致，验证了本章提出的修正粘结滑移恢复力模型的合理性。

（4）采用本章提出的锈蚀损伤混凝土本构关系，能够反映结构承载力、刚度特别是延性的降低，降低趋势与已有的锈蚀构件试验结果是一致的，具体参数可以结合试验数据进行细致调整。

（5）本章分析认为，对于既有混凝土结构，把握住钢筋锈蚀的影响才是问题的关键。为此，本章构建了考虑钢筋锈蚀的结构静力非线性分析方法并加以实现。该方法以钢筋锈蚀量为最基本参数，通过材料本构层次上锈蚀量与钢筋、混凝土以及它们之间粘结性能的关系，对结构整体层次的分析产生影响，能把握既有混凝土结构性能退化的最主要特点。

参考文献

[1] Luisa Berto, Renato Vitaliani, Anna Saetta, Paola Simioni. Seismic Assessment of Existing Rc Structures Affected by Degradation Phenomena [J]. Structural Safety. 2008, 10 (9): 1 – 14.

[2] Jianzhuang Xiao, Jie Li, Bolong Zhu, Ziyan Fan. Experimental Study On Strength and Ductility of Carbonated Concrete Elements [J]. Construction and Building Materials. 2002, 16: 187 – 192.

[3] Chang Cheng – Feng, Chen Jing – Wen. Strength and Elastic Modulus of Carbonated Concrete [J]. ACI Materials JOURNAL. 2005, 102 (5): 102 – 136.

［4］耿欧，袁广林．碳化混凝土全应力－应变关系及梁受弯承载性能研究［J］．工业建筑．2006，36（01）：44－46．

［5］A. Castel, R. Franfois, G. Arliguie. Mechanical Behaviour of Corroded Reinforced Concrete Beams－Part 2：Bond and Notch Effects［J］. Materials and Structure. 2000, 33 (11)：545－551.

［6］A. Castel, R. Franfois, G. Arliguie. Mechanical Behaviour of Corroded Reinforced Concrete Beams—Part 1 Experimental Study of Corroded Beams［J］. Materials and Structure. 2000, 33 (11)：539－544.

［7］王学民．锈蚀钢筋混凝土构件抗震性能试验与恢复力模型研究［D］：［硕士学位论文］．西安建筑科技大学，2003．

［8］史庆轩，牛荻涛，颜桂云．反复荷载作用下锈蚀钢筋混凝土压弯构件恢复力性能的试验研究［J］．地震工程与工程振动．2000，20（04）：44－50．

［9］杨红，白绍良．考虑节点内梁纵筋粘结滑移的结构弹塑性地震反应［J］．土木工程学报．2004（05）：16－22．

［10］框架节点专题研究组．低周反复荷载作用下钢筋混凝土框架梁柱节点核心区抗剪强度的试验研究［J］．建筑结构学报．1983（06）：1－17．

［11］吕西林，郭子雄，王亚勇．Rc框架梁柱组合件抗震性能试验研究［J］．建筑结构学报．2001（01）：2－7．

［12］Fédérationinternationaledubéton（FIB）. Bond of Reinforcement in Concrete：State－of－Art Report［M］. Lausanne, Switzerland：FIB－Féd. Int. du Béton, 2000.

［13］郭子雄，周素琴．Rc框架节点的弯矩－滑移转角恢复力模型［J］．地震工程与工程振动．2003（03）．

［14］Jian Zhao, Sri Sritharan. Modeling of Strain Penetration Effects in Fiber－Based Analysis of Reinforced Concrete Structures［J］. ACI Structural Journal. 2007, 104 (2)：104－114.

［15］Comit Euro－International Beton. CEB_ MC1990E Ceb－Fip Model Code 1990 (Design Code)［S］. London：Thomas Telford Services Ltd, 1993.

［16］傅剑平，张川，陈滔等．钢筋混凝土抗震框架节点受力机理及轴压比影响的试验研究［J］．建筑结构学报．2006，27（03）：67－77．

［17］高振世，王安宝，庞同和．低周反复荷载作用下钢筋混凝土框架的延性和强度［J］．东南大学学报（自然科学版）．1991，21（04）：38－44．

［18］F. C. Filippou. A Simple Model for Reinforcing Bar Anchorages Under Cyclic Excitations［R］. Berkeley：Earthquake Engineering Research Center, 1985.

［19］袁迎曙，贾福萍，蔡跃．锈蚀钢筋混凝土梁的结构性能退化模型［J］．土木工程学报．2001，34（03）：47－52．

［20］D. Coronelli, P. Gambarova. Structural Assessment of Corroded Reinforced Concrete Beams Modeling Guidelines［J］. Journal of Structural Engineering. 2004, 130 (8)：1214－1224.

［21］Roberto Capozucca, M. Nilde Cerri. Influence of Reinforcement Corrosion—in the Compressive Zone—On the Behaviour of Rc Beams［J］. Enqineering Structures. 2003, 25：1575—1583.

［22］孙飞飞，沈祖炎．箍筋约束混凝土模型比较研究［J］．结构工程师．2005，21（01）：27－29．

［23］周文峰，黄宗明，白绍良．约束混凝土几种有代表性应力－应变模型及其比较［J］．重庆建筑大学学报．2003（04）：122－127．

［24］Reberto Park, M. J. Nigel Pricotley, Wayne D. Gill. Ductility of Square－Confined Concrete Columns［J］. Journal of Structural Division. 1982, 108 (ST4)：929－950.

［25］刘伟庆，魏琏，丁大钧等．塑性耗能支撑钢筋混凝土框架的低周反复荷载试验研究［J］．南京建筑工程学院学报．1996（03）：11－18．

［26］张誉，蒋利学，张伟平等．混凝土结构耐久性概论［M］．上海：上海科学技术出版社，2003．

[27] 惠云玲．混凝土结构中钢筋锈蚀程度评估和预测试验研究 [J]．工业建筑．1997, 27 (06)：6 – 9.

[28] 惠云玲，林志伸，李荣．锈蚀钢筋性能试验研究分析 [J]．工业建筑．1997, 27 (06)：10 – 13.

[29] 王雪慧，钟铁毅．混凝土中锈蚀钢筋截面损失率与重量损失率的关系 [J]．建材技术与应用．2005 (01).

[30] Luisa Bertoa, Paola Simioni, Anna Saetta. Numerical Modelling of Bond Behaviour in Rc Structures Affected by Reinforcement Corrosion [J]. Engineering Structures. 2008, 30：1375 – 1385.

[31] 贡金鑫，李金波，赵国藩．受腐蚀钢筋混凝土构件的恢复力模型 [J]．土木工程学报．2005, 38 (11)：38 – 44.

[32] 张宇，李宏男，李钢．考虑钢筋锈蚀的震损结构抗震性能评估 [J]．建筑科学与工程学报．2011, 28 (4)：97 – 105.

第3章 混凝土剪力墙抗侧力体系的 静力非线性分析方法研究

3.1 引言

建筑结构中，剪力墙是除了杆系以外最重要的抗侧力构件，它不仅构成了高层、超高层建筑的抗侧力体系，也在量大面广的多层建筑结构中形成竖向和水平抗力体系。墙体结构分析的目的是获得结构的非线性性能和滞回性能，以期用于预测非线性地震性能，校验规范规程，提供结构设计参数的优化以及通过得到的能力曲线对既有结构进行抗震性能评价[1]，分析的精度和效率直接依赖于墙体模型的选择。精确、有效和稳定的墙体模型需要能同时反映重要的材料特性和性能反应特征[2]（例如中性轴移动，受拉刚化，连续的裂缝闭合，非线性受剪性能以及变轴力和横向配筋对强度、刚度和变形能力的影响等）。

剪力墙非线性分析是抗震分析研究的难点和热点[3]。已有的大部分模型有3点不足[4]：①不考虑约束边缘构件对剪力墙受力性能的影响；②不能计算剪力墙达到峰值承载力后的受力性能，不能得到剪力墙在水平力作用下的力－位移关系全曲线，即有下降段的能力曲线，因而在抗震性能评价需重点关注的变形能力存在缺陷，不能适应弹塑性阶段精细化分析的要求；③对剪力墙弯曲反应的数值模拟能取得较好的结果，而对剪切反应的研究比较薄弱，考虑弯曲和剪切耦合的研究很少。

本章在 MVLEM 模型的基础上，对剪力墙静力非线性分析方法及实现技术进行了系统研究。首先基于钢筋混凝土薄膜元软化桁架理论，考虑弯曲和剪切的耦合，结合所收集的试验研究成果，提出了混凝土实体墙的数值模型并进行了验证；通过对连梁数值模型和整体建模方法的研究，提出了开洞混凝土墙体静力非线性分析的方法及其实现技术，并将数值仿真结果与已有的联肢墙试验结果作了对比验证。

37

3.2　实体墙静力非线性分析的数值模型研究

3.2.1　剪力墙非线性分析模型

目前，剪力墙非线性分析模型主要有两大类：基于固体力学的微观模型和基于构件的宏观模型。

（1）微观模型

主要有平面应力膜单元和板壳单元。近年来发展较快具有代表性的如陆新征等[5,6]基于复合材料力学原理，采用分层壳模型对剪力墙的弹塑性性能进行模拟分析，缪志伟等[7,8]在其基础上引入微平面混凝土本构模型进行了改进。分层壳墙单元将壳单元划分成混凝土层和钢筋层，可以考虑剪力墙的轴压破坏，面内弯曲破坏，面内剪切破坏，面外弯曲破坏以及上述各外力耦合作用下的破坏行为，分层壳模型在 MSC. MARC 程序中编程实现。微观模型主要用于构件或局部结构的模拟计算，对于整截面墙，特别对联肢墙等结构的整体分析难度较大[9]。

（2）宏观模型

最简单的一类是等效柱模型[10,11]，既有类似于构件层次的恢复力模式，采用组合截面的方法，在弯曲反应的基础上叠加剪切反应的影响[12]，也有如商业软件 MIDAS 中设置 3D 墙单元的模型。3D 墙单元（如图 3 - 1 所示）是由位于墙体中央的线单元和连接于该线单元上下两端的刚体梁构成的，与 3D 梁柱单元具有相同的受力特点，刚体梁在 $x - y$ 平面内按刚体受力因此对于 z 方向的弯矩表现为面内受弯，对于 x 方向的弯矩表现为面外受弯[13]。等效柱模型虽然也能反映细长剪力墙的弯曲和剪切反应，但其缺点是中和轴固定在截面的中央，没有考虑因塑性变形引起的中和轴的移动，以及对结构体系的影响（如框剪体系中对于周围框架的影响），因而带来计算精度的影响[9,10,14]。此外还有等效框架支撑（桁架）模型[15,16]、二维板单元模型、四弹簧模型和基于板壳的墙元模型等，各有特点和不足。例如，等效桁架模型由于构成剪力墙模型的直杆、斜杆在塑性范围内的定义非常困难，一般只适用于弹性分析。

宏观模型中近年来最受关注的是竖线杆件单元模型[3]，主要包括三竖线 TV-LEM 和多竖线 MVLEM 模型。其中竖线杆件仅考虑轴向变形，剪切变形由位于转动中心的剪切弹簧模拟。进一步简化，通过水平弹簧代表墙的横向剪切刚度，转动弹簧代表墙的弯曲刚度，形成二元件模型。竖线杆件模型能比较好地平衡计算效率和计算精度，被认为是目前比较理想的墙体结构整体分析模型，特别是多竖

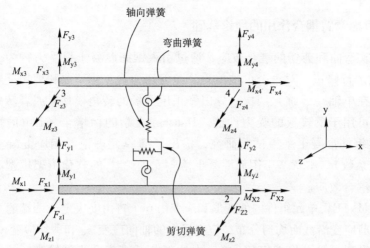

图 3 – 1   MIDAS 中 3D 墙单元

线 MVLEM 模型（如图 3 – 2 所示）解决了 TVLEM 模型中弯曲弹簧和边柱杆元协调关系不明确的缺点，只需要给出较易确定的拉压和剪切滞回关系，避免了使用弹簧时确定滞变特性的困难，同时能考虑地震反应中墙体截面中性轴的移动，力学概念清晰，因而引起了研究者们广泛的兴趣[3,17,18]。值得一提的是，傅金华等[14]提出的 MS 立体模型中，通过在与剪力墙平面垂直方向设置柱面外剪切弹簧，与两侧柱的混凝土和钢筋弹簧一起形成剪力墙的面外受力行为，从而在平面 2DMVLEM 模型的基础上，通过增加垂直方向剪切弹簧和扭转弹簧，发展出了 6 自由度的 3DMVLEM 模型。

　　由于采用的剪切模型（如常用的原点定位滞回模型等）只能对剪切滞回反应进行近似的描述，模型参数和宏观模型的可靠性需要进行深入研究[9]。孙景江等[19]证明了三竖线单元和多竖线单元本质上为铁摩辛柯分层梁单元。这两种宏观模型实质是一致的，都没有考虑弯曲和剪切反应的耦合。

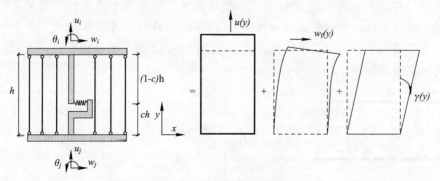

图 3 – 2   MVLEM 宏观模型

3.2.2　考虑弯剪耦合作用的理论基础

为反映弯曲和剪切的耦合效应，通过引入钢筋混凝土板受力行为，对 MV-LEM 单元进行修正。对每个单轴单元分配剪切弹簧，使弯曲和剪切反应的相互作用结合在单轴（纤维）层次。导出修正压力场的转角模型，或者转角软化桁架模型都可用于反映板的受力性能。Houston 大学的徐增全（Hsu）教授通过 22 块足尺钢筋混凝土平板试验研究，提出了薄膜元理论及相应混凝土本构参数（软化系数）。本章基于钢筋混凝土薄膜元理论[20]的软化桁架模型考虑弯曲和剪切的耦合效应。

每个 MVLEM 单元组件内的变形和应变由 6 个自由度决定（两端的 u_x，u_y 和 θ）。假定剪应变沿截面均匀分布，应变场中的轴向应变 ε_y 和剪切应变 γ_{xy} 由整个截面计算得到。假设将 MVLEM 单元中的部分纤维集合为纤维束，每个纤维束 strip（i）有两个基于单元变形的应变 ε_y 和 γ_{xy}。纤维束内单元的水平应变 ε_x 作为未知量进行估值（最初设为 0 或由前次荷载步得到），使得由材料本构关系和几何关系确定的每个纤维束的应力和力得到满足。最终算得每个纤维束的轴向应力和剪应力（如图 3 - 3 所示）。

假定主应力和主应变方向相同，将主应力状态变换为 XY 方向应力状态，考虑到纤维束内混凝土与钢筋的组合作用，即混凝土和钢筋力的叠加作用（如图 3 -4所示），得到每个纤维束平均正应力和剪应力如下：

$$\tau_{xy} = -\frac{\sigma_{c1} - \sigma_{c2}}{2}\sin(2\alpha) \tag{3-1}$$

$$\sigma_x = \sigma_{cx} + \rho_x\sigma_{sx} = \frac{\sigma_{c1} + \sigma_{c2}}{2} - \frac{\sigma_{c1} - \sigma_{c2}}{2}\cos(2\alpha) + \rho_x\sigma_{sx} \tag{3-2}$$

$$\sigma_y = \sigma_{cy} + \rho_y\sigma_{sy} = \frac{\sigma_{c1} + \sigma_{c2}}{2} + \frac{\sigma_{c1} - \sigma_{c2}}{2}\cos(2\alpha) + \rho_y\sigma_{sy} \tag{3-3}$$

通过对基本未知量 ε_x 进行迭代，使得每个纤维束水平方向的平衡关系得到满足。然后由纤维束的竖向应力和剪力分别合成 MVLEM 单元的轴力、弯矩和剪力。在此基础上，通过对模型自由度进行迭代，直至整个墙体模型的内力和外力平衡关系得到满足。

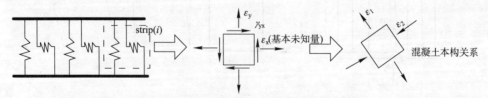

图 3 - 3　MVLEM 单元中纤维束应变分析

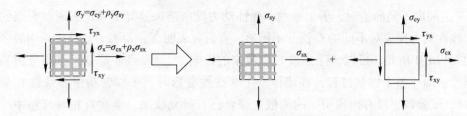

图 3 – 4 纤维束内 XY 方向钢筋和混凝土应力分析

3.2.3 相对转动中心高度系数的取值

相对转动中心高度系数 C 是竖线杆件模型中的重要参数，关于 C 的取值，研究者存在不同看法，如图 3–5 所示。

$$\Delta w_{\mathrm{f}} = \int_0^h \phi x' \mathrm{d}x' = -\int_h^0 \phi (h-x) \mathrm{d}x = h\int_0^h \phi \mathrm{d}x - \int_0^h \phi x \mathrm{d}x \qquad (3-4)$$

$$\Delta \theta = \int_0^h \phi \mathrm{d}x \qquad (3-5)$$

$$(1-C)h\Delta\theta = \Delta w_{\mathrm{f}} \Rightarrow Ch = \frac{\int_0^h \phi x \mathrm{d}x}{\int_0^h \phi \mathrm{d}x} \qquad (3-6)$$

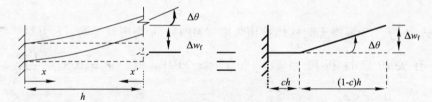

图 3 – 5 MVLEM 宏观模型中的变形关系

式（3–6）证明转动中心高度的物理含义为沿墙单元高度的曲率分布图的形心（如图 3–6 所示，在弹性时即为弯矩分布图的形心）离单元底部的距离。如假设墙体曲率沿墙单元高度呈线性变化（在弹性时意味着弯矩沿高度线性变化），不同的曲率分布可得到不同的相对转动中心高度系数 C 值：如假定曲率呈三角形分布（在弹性时意味着弯矩呈三角形分布），即 C 为 1/3；若假定在同一墙单元内部曲率呈均匀分布，则 C 为

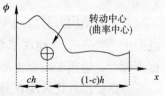

图 3 – 6 MVLEM 宏观模型中相对转动高度的物理意义

0.5。应该指出，尽管系数 C 的概念清晰，但在动力分析时按照曲率形心确定 C 值却不能做到[19]。

韦锋等的研究发现[21]，当多竖杆模型中的相对转动中心高度系数 C 在 0.3 ~

0.4 之间取不同的值时，剪力墙的非弹性动力反应结果差异不大，表明剪力墙的非线性动力反应对不同的 C 值并不敏感。有研究表明[2]，沿剪力墙高度采用较多的 MVLEM 单元，可以消除参数 C 值带来的影响[9]。Massone 等基于试验分析指出[2]，对于整个加载过程，在墙体发生非线性变形时，平均转动中心系数 C 取 0.4，试验数据没有出现明显的离散。综合已有研究成果，本章对相对转动中心高度系数 C 取 0.4 进行研究。

3.2.4　墙体混凝土的数值模型研究

基于薄膜元理论考虑弯剪耦合的关键是需要反映薄膜性能的双轴反应，混凝土本构关系应考虑薄膜受压软化（由于正交方向受拉开裂导致主压应力降低）以及受拉刚化（由于裂缝间混凝土和钢筋的粘结对平均峰后拉应力的影响）效应[22]，单轴混凝土本构理论已经不再适用。

如图 3-7 所示，引入受压软化参数的 Thorenfeldt 曲线[2,23]来表达混凝土受压本构模型骨架曲线（应力应变均取绝对值），表达式如下：

$$\sigma_c = f'_c \frac{n(\frac{\varepsilon_c}{\varepsilon_0})}{n - 1 + (\frac{\varepsilon_c}{\varepsilon_0})^{nk}} \qquad (3-7)$$

式中：f'_c 为混凝土圆柱体抗压强度（MPa）；n 为形状参数；k 为与混凝土强度有关的韧性折减系数。当 $f'_c \geq 20\text{MPa}$ 时，$n = 0.8 + \dfrac{f'_c}{17}$，$k = \begin{cases} 1, & 0 \leq \varepsilon < \varepsilon_0 \\ 0.67 + \dfrac{f'_c}{62}, & \varepsilon_0 \leq \varepsilon \end{cases}$；当 $f'_c < 20\text{MPa}$ 时，$n = 1.55 + (\dfrac{f'_c}{32.4})^3$，$k = 1$。

对于峰值应力对应的应变 ε_0，CEB 模式规范建议为 0.0022[24]，适用于低强混凝土；Wee 等[25]建议了与强度相关的回归公式：$\varepsilon_0 = 0.00078 f'_c{}^{1/4}$，从试验数据来源看，适用于高强混凝土。

考虑受压软化效应在薄膜元模型中十分重要，学者们对此开展了大量试验研究[20,26,27]，提出的观点主要有应力软化和同时考虑应力应变软化。事实上，同时考虑应力和应变的软化增加模型的复杂性，而对结果改善不多，因此本章仅考虑受压应力软化，应力软化系数为：

$$\beta = \frac{1}{0.9 + 0.27 \dfrac{\varepsilon_1}{\varepsilon_0}} \qquad (3-8)$$

式中 ε_1——主拉应变（取为正值）。

受拉骨架曲线如图 3-8 所示，由两段构成，上升段直线，下降段考虑受拉刚化取为曲线，受拉刚化曲线指数 b 取 0.4[28]。

基于软化桁架理论的迭代计算流程如图 3-9 所示。

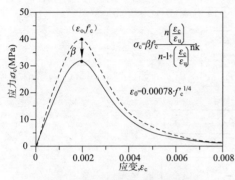

图 3-7　混凝土受压本构模型
Thorenfeldt 骨架曲线

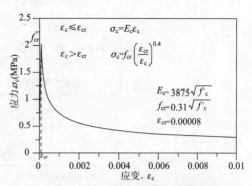

图 3-8　混凝土受拉模型的骨架曲线

3.2.5　边缘约束构件的数值模型研究

通过暗柱或明柱在端部设置的边缘约束构件，可以大大提高剪力墙的延性。对于混凝土中的约束增强作用，OpenSees 平台中通过引入约束混凝土本构关系来加以考虑。因此，约束混凝土本构关系直接关系到剪力墙弹塑性性能分析的准确性。

由于对混凝土的约束方式多种多样，研究者对约束混凝土的本构关系开展了大量的研究，提出了各种本构模型，这些模型具有不同适用范围。本章选取 4 种约束混凝土本构关系进行研究，通过数值计算与收集的试验结果对比，进行参数影响分析。

3.2.5.1　Kent - Scott - Park 模型

Kent - Scott - Park 模型[29]能反映约束混凝土随箍筋配置产生的强度提高以及峰值应变增大的特点，考虑了体积配箍率、箍筋屈服强度、箍筋间距对约束混凝土力学性能的影响，采用系数 $K = 1 + \rho_s \dfrac{f_{yh}}{f'_c}$ 同时考虑对峰值应力和应变的增强作用，应力应变关系在第 4 章中详细讨论，本章不再赘述。

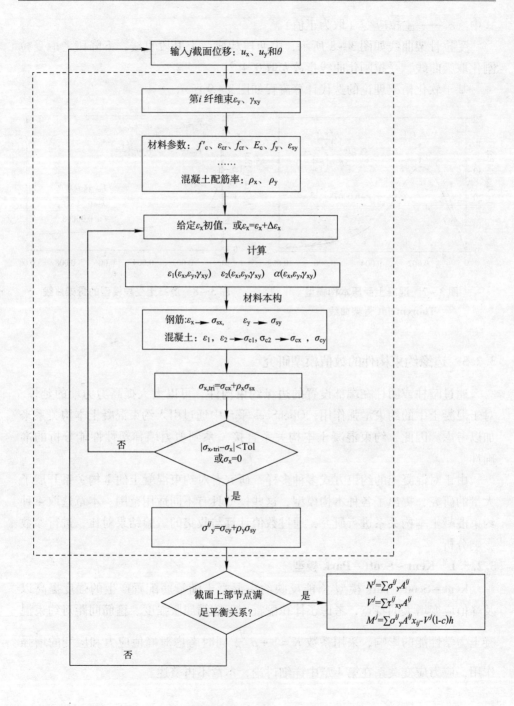

图 3 - 9　基于软化桁架理论的迭代计算流程

3.2.5.2 Vallenas 模型

Vallenas[30]等为了研究剪力墙受弯性能，采用受矩形箍筋约束混凝土棱柱体的轴压试验，通过研究了三个参数的影响：混凝土保护层厚度、侧向钢筋（箍筋）和纵筋，提出了约束混凝土的应力应变关系。Vallenas 模型考虑矩形箍筋的约束作用，与剪力墙边缘构件的约束条件相似，其主要特点是考虑了侧向箍筋和纵筋对混凝土强度和延性的约束增强作用。应力应变曲线由抛物线和两段直线组成，特征点参数如下式：

$$f_c = K f'_c \tag{3-9}$$

$$K = 1 + 0.0091(1 - 0.245 S/h'') \frac{(\rho'' + \rho d''/d) f''_y}{\sqrt{f'_c}} \tag{3-10}$$

$$\varepsilon_0 = 0.0024 + 0.0005 \left(1 - \frac{0.734 S}{h''}\right) \frac{\rho'' f''_y}{\sqrt{f'_c}} \tag{3-11}$$

式中　　f'_c——无约束混凝土圆柱体抗压强度（psi）；

　　　　S——箍筋间距（in.）；

　　　　h''——矩形柱箍筋内部核心尺寸（in.）；

　　d'' 和 d——分别为横向钢筋名义直径和纵筋名义直径（in.）；

　　　　f''_y——箍筋屈服强度（psi）；

　　　　ρ''——约束钢筋体积与约束混凝土体积之比的体积配箍率；

　　　　ρ——纵筋面积与截面总面积之比。

3.2.5.3 Saatcioglu 模型

Saatcioglu 等[31]通过试验验证了他们提出的约束混凝土本构关系不仅适用于轴压柱，同样也适用于存在应变梯度的偏心受压柱。本构关系中主要特征点参数有：

$$f'_{cc} = f'_{c0} + k_1 f_{le} \tag{3-12}$$

$$k_1 = 6.7(f_{le})^{-0.17} \tag{3-13}$$

$$f_{le} = k_2 f_l \tag{3-14}$$

$$k_2 = 0.26 \sqrt{\left(\frac{b_c}{s}\right)\left(\frac{b_c}{s_l}\right)\left(\frac{1}{f_l}\right)} \leqslant 1.0 \tag{3-15}$$

$$f_l = \frac{\sum A_s f_{yt} \sin\alpha}{s b_c} \tag{3-16}$$

$$\varepsilon_1 = \varepsilon_{01}(1 + 5K) \tag{3-17}$$

$$K = \frac{k_1 f_{le}}{f'_{c0}} \tag{3-18}$$

式中　　f_{le}——等效均布侧压力，对于长短边约束压力不同的矩形柱，$f_{le} = \dfrac{f_{lex} b_{cx} + f_{ley} b_{cy}}{b_{cx} + b_{cy}}$，$b_{cx}$ 和 b_{cy} 为核心混凝土两个方向的尺寸；

f_l——平均侧压力；

f'_{c0} 和 ε_{01}——分别为无约束混凝土强度及峰值应变；

b_c——按箍筋中线周长计算的核心混凝土尺寸；

s 和 s_l——分别为箍筋间距和由箍筋支撑的纵筋的间距；

A_s 和 f_{yt}——分别为箍筋面积和屈服强度；

α——箍筋肢与和该肢相交的柱边之间的夹角。

3.2.5.4　钱稼茹模型

钱稼茹等[32]通过 25 根混凝土柱试验，研究普通箍筋约束混凝土柱的中心受压性能，提出了 λ_v 在 $0.07 \sim 0.24$ 范围内约束混凝土的应力应变全曲线，其特征点参数由下式确定：

$$f_{cc} = (1 + 1.79\lambda_v)f_{c0} \qquad (3-19)$$

$$\varepsilon_{cc} = (1 + 3.5\lambda_v)\varepsilon_{c0} \qquad (3-20)$$

式中：f_{c0} 和 ε_{c0}（取 0.018）分别为无约束混凝土的轴心抗压强度和峰值应变；配箍特征值 $\lambda_v = \rho f_{yh}/f_c$，$\rho$ 为体积配箍率，f_{yh} 为箍筋屈服强度；f_c 为混凝土轴心抗压强度。

采用以上 4 种模型，对文献［33，34］和文献［1］试验研究中混凝土剪力墙边缘约束构件混凝土进行计算，得到特征点参数如表 3-1 所示。

不同约束混凝土模型的特征点参数　　　　　　　　　　　　表 3-1

本构模型	Specimen 3		WSH2		WSH3		WSH4		WSH6	
	f_{cc}	ε_{cc}	f_{cc}	ε_{cc}	f_{cc}	ε_{cc}	f_{cc}	ε_{cc}	f_{cc}	ε_{cc}
Kent-Scott-Park 模型	41.49	0.00354	50.24	0.00223	49.59	0.00220	45	0.002	52.96	0.00235
Vallenas 模型	41.45	0.00809	51.37	0.00532	50.84	0.00520	45	0.002	53.05	0.00843
Saatcioglu 模型	45.55	0.00741	50.22	0.00316	50.77	0.00328	45	0.002	55.58	0.00435
钱稼茹模型	46.46	0.00488	54.38	0.00282	53.22	0.00271	45	0.002	59.26	0.00324

由表 3-1 可见，Vallenas 模型计算的峰值应变最大，而钱稼茹模型计算的峰值应力最大。本章将在后面结合收集的试验结果，分析约束混凝土模型的适用性。

3.3　实体墙静力非线性分析的实现技术

3.3.1　实体墙静力非线性分析的实现过程

（1）材料模型

OpenSees 平台提供了 Thorenfeldt 曲线形式的 Concrete06 本构模型，本章对墙体混凝土采用该模型。钢筋采用带有各向同性应变硬化的 Giuffré-Menegotto-

Pinto 本构模型[35]，详细参数意义见相关文献，不再赘述。

（2）截面和单元模型

剪力墙墙肢一般由墙板和两端的边缘构件组成，边缘构件的形式可以是暗柱、端柱或翼墙；可以是配置一定量箍筋的约束边缘构件，也可以是不配箍筋或箍筋很少的构造边缘构件，墙板配筋与边缘构件明显不同，实际构成的是一个组合截面（图3-10）。根据这些特点，分析模型截面由竖向条带（strip）组成，每个竖向条带代表钢筋和混凝土材料；水平纤维（Hfiber）代表水平钢筋，基于钢筋在条带中均匀分布的假定，将每单元水平钢筋集成为一个水平纤维，如图3-11所示。

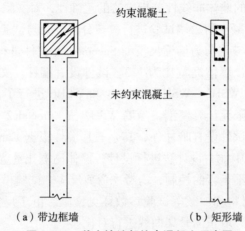

（a）带边框墙　　　　　　　　（b）矩形墙

图3-10 剪力墙端部约束混凝土示意图

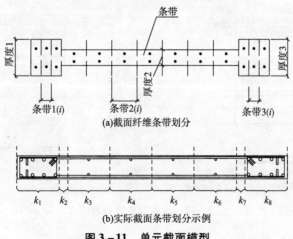

图3-11 单元截面模型

对墙体截面采用纤维束条带的划分方法，非常适合于截面上材料不同分布方式和不同材料的组合，在本书后续章节的研究中可以看到，这种截面模型的建立不仅适用于新建墙体结构，还能很好地应用于由不同材料混合的加固墙体结构。此外，还可以通过对条带划分的疏密来寻求计算精度和效率的平衡。墙体沿竖向采用基于位移的考虑弯剪相互作用的 dispBeamColumnInt 单元进行模拟。

（3）分析求解

非线性方程求解采用 Newton – Raphson、Broyden、Newton Line Search、Modified Newton 等迭代算法控制收敛。

3.3.2 实体墙静力非线性分析方法的验证

为验证本章采用的墙体非线性分析方法的正确性，对文献［33，34］和文献［1］中两次不同的混凝土剪力墙试验进行模拟分析，并与试验结果加以对比。

文献［33］中对三层剪力墙缩尺模型 Specimen 3 试件进行了单向推覆试验，研究剪力墙滞回性能，墙体高宽比为 1.3，试件设有端柱。文献［1］对四片不同参数的剪力墙模型 WSH2、WSH3、WSH4 和 WSH6 进行了低周反复试验，研究作者提出的多层有限元计算模型，除墙 WSH4 按 Eurocode2 设计在端部边缘未设置水平封闭箍筋，试件设有暗柱外，其余三片墙体根据 Eurocode8 规定的不同延性等级按照 NZS3101 能力设计法进行设计，墙体高宽比约为 2.3。从试件高宽比来看，两次试验都不是弯曲控制，需考虑弯剪反应。试验模型及荷载模式见图 3 – 12，具体模型、材料和加载等试验参数详见文献。由于反复荷载下墙体的荷载变形曲线基本对称，取正向骨架曲线进行对比。

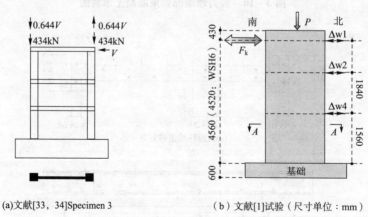

(a)文献[33，34]Specimen 3   （b）文献[1]试验（尺寸单位：mm）

图 3 – 12 试验模型及荷载模式

采用 Saatcioglu 模型确定边缘构件约束混凝土的特征点参数值，对文献［33］Specimen 3 试件采用竖向 8 个单元，对文献［1］WSH 系列四片墙体试验采用竖向 7 个单元建模，数值分析结果与试验荷载位移曲线见图 3 – 13 和图 3 – 14。

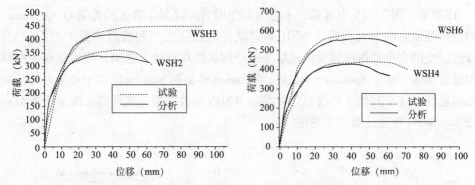

图 3 – 13 对文献 [1] 试验的分析结果

对比试验骨架曲线与分析曲线，可以看出分析得到的曲线均能反映总体趋势，除 WSH3 试件数值模拟曲线与试验曲线偏差稍大外，其余试件均符合地较好。荷载位移曲线能反映结构整体受力性能，证明采用本章的墙体非线性分析方法能得到合理的结果，而且分析计算过程耗时很短，显示出本方法计算效率很高。其中无边缘约束构件的 WSH4 试件数值模拟和试验荷载位

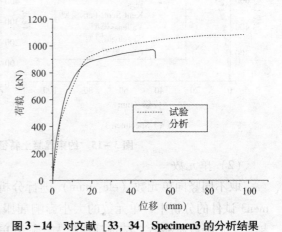

图 3 – 14 对文献 [33，34] Specimen3 的分析结果

移曲线在位移 40mm（层间位移角约 1/113）前均吻合良好，初始刚度、屈服点和屈服后刚度以及极限承载力等重要参数的数值模拟结果偏差都很小。设有约束边缘构件试件的分析曲线中，与约束混凝土峰值应变 ε_{cc} 密切相关的下降段起始点位置略有提前，可能采用 Saatcioglu 模型计算的峰值应变还需适当增大，值得进一步探讨。需要指出的是，分析模型中材料都是按照反复加载本构关系定义的，因而静力推覆得到的荷载位移曲线能反映循环反复荷载下的结构构件性能。大量研究表明，反复加载得到的曲线一般比单调加载得到的曲线偏低，因此，Specimen 3 试件数值模拟结果略低于单调加载试验结果是合理的。

3.3.3 实体墙静力非线性分析相关参数研究

众所周知，材料参数和模型参数对数值模拟结果将产生很大影响。限于篇幅，下面通过 Specimen 3 和 WSH6 两个试件的数值分析对主要参数进行研究。

（1）约束混凝土本构模型特征点参数

采用表 3 – 1 中 4 种约束混凝土本构模型特征点参数进行分析，结果如图

3−15所示。图3−15中可见，考虑约束作用后，混凝土强度的差别对 Specimen3 的分析结果影响不大，而对 WSH 系列试件的屈服强度和极限承载力影响较大；峰值应变的大小对两次试验模拟结果的结构延性均有较大影响，峰值应变大则结构延性增大。对于 Specimen 3 试件，Vallenas 模型和 Saatcioglu 模型能更好地反映结构延性，优于其他 2 种模型。再综合 WSH6 试件结果，表明约束混凝土参数点按 Saatcioglu 模型计算结果更好。

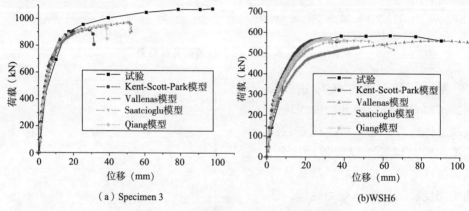

（a）Specimen 3　　　　　　　　　　（b)WSH6

图 3 −15　约束混凝土特征点参数的影响

（2）单元数

取不同竖向单元数（ele_num）进行分析，结果如图3−16所示。对 Specimen3 试件的分析中，单元数的大小影响屈服后曲线下降段的起始位置，单元数越少，下降段越靠后，结构延性越大，随着单元数的增加，下降段起始位置趋于收敛。对于 WSH 系列试验也有类似结果。表明分析建模时，单元数量不能太少。对于 Specimen3 和 WSH2 试验，当单元数分别取为 8（竖向单元高度为 380mm）和 7（竖向单元高度为 651mm），分析得到的结果与试验结果符合地较好。

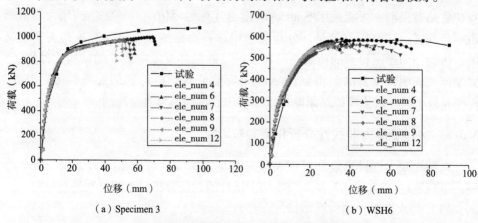

（a）Specimen 3　　　　　　　　　　（b）WSH6

图 3 −16　单元数（竖向单元高度）的影响

（3）截面纤维条带数

对于图 3 - 11 中，截面两约束边缘区 strip1、strip3 的纤维条带数 NStrip1 和 NStrip3，以及腹板区 strip2 的纤维条带数 NStrip2 取不同数值，分析结果如图 3 - 17 所示。图 3 - 17 中可见，对于 WSH6 试件，条带划分更细时，与试验曲线更加接近。总的来说，在顶点位移不大时，推覆曲线几乎重合，大位移时存在差异，但此时位移很大，已远远超出规范规定，因此，本章认为分析对截面纤维条带数不太敏感。

（4）积分点数

随着积分点数（np）加大，计算时间变长。积分点数对分析结果的影响如图 3 - 18 所示，积分点数目对结构延性的分析结果有较大影响。np 取 1 时，能得到与试验结果符合地较好的分析结果，随着积分点数增大（np 大于 1），结构延性降低。

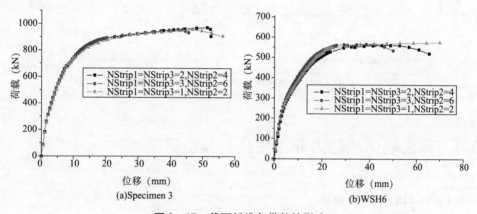

图 3 - 17　截面纤维条带数的影响

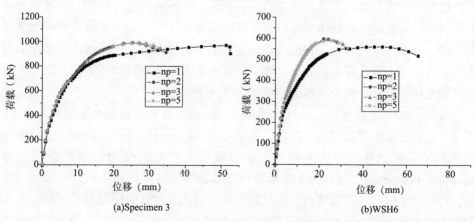

图 3 - 18　积分点数的影响

（5）相对转动中心高度系数

相对转动中心高度系数 C 取 0.3 ~ 0.5，分析结果如图 3 - 19 所示。分析表明，在小位移时（如规范对大震弹塑性变形的规定范围内），C 取 0.3 ~ 0.5 对数值模拟结果影响很小，与前述已有研究结论一致。

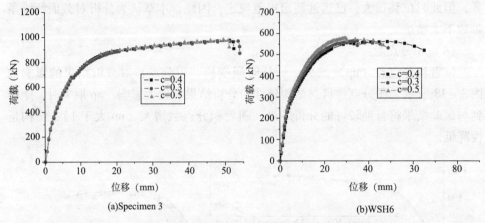

(a)Specimen 3　　　　　　　　　　(b)WSH6

图 3 - 19　相对转动中心高度系数的影响

3.4　开洞墙体的静力非线性分析模型研究

3.4.1　开洞墙体分析概述

开洞剪力墙在水平或竖向开洞后，形成一系列墙肢和深梁构件，剪力墙的受力特性与变形状态取决于剪力墙上的开洞情况。按不同的受力特性，可将剪力墙分为四类：整截面墙、整体小开口墙、联肢墙和壁式框架。不开洞的整截面悬臂剪力墙，或虽开洞但对强度和非线性性能影响不明显的小开口墙体，可利用前面所述的实体剪力墙分析方法进行计算。壁式框架力学体系属杆系结构，除了考虑刚域和剪切影响外，其余与框架结构类似，故不在本章讨论。

ATC - 40[10] 报告指出，对开洞墙体进行建模分析必须建立在工程判断之上，受力性能和分析很可能取决于墙肢、连梁和洞口的相对尺寸。联肢墙中连梁的受力性能与框架梁具有很大不同，连梁对联肢剪力墙的受力和变形有很大影响[17,36]，Fischinger[17] 等认为如果未能合理考虑中和轴转移和变轴力对墙肢的影响，将不能准确评价联肢墙的实际抗震需求。因此在对联肢墙进行分析时，首先应该重点考察连梁的受力性能。

3.4.2　连梁数值模型研究

3.4.2.1　连梁数值模拟的特点

连梁通常高跨比大，在反复荷载作用下通常表现为以 X 形裂缝为特征的受剪破坏，而且在大的反复荷载作用下，即使是采取了密集的封闭箍筋等措施，也只能推迟而不能避免最终的受剪破坏[37]，故对连梁的数值模拟必须考虑剪切变形的影响。为此，一些学者曾提出特殊的梁单元来模拟连梁的反应[37]。从连梁受力特点可以看到，如何合理反映钢筋的粘结滑移行为是准确模拟连梁和墙肢非线性反应的关键之一。Fischinger 的研究中[17]，通过增加界面剪切滑移单元，采用服从剪切滑移滞回规则的非线性弹簧来连接连梁和墙肢，从而考虑连梁梁端钢筋滑移的影响。陈勤[38]采用复合弹簧模拟连接界面，复合弹簧由轴向弹簧、剪切弹簧和弯曲弹簧组成。

需要指出的是，当配置了对角钢筋时，连梁可以设计成为有弯曲屈服的弯剪破坏[37]，限于篇幅，这种配筋形式的连梁不在本章中讨论。

3.4.2.2　仅考虑弯曲变形的连梁纤维模型

梁启智等[39]采用有限元方法对普通钢筋混凝土连梁的抗震性能试验进行了分析，文献中较详细地引用了试验参数。试验连梁跨高比为 4.6，采用低周反复加载方式，在两端施加剪力和弯矩。选取 CB - 1 连梁进行数值模拟。吴波等[40,41]对中等剪跨比（2.5 ~ 3.5）连梁的抗震性能进行了系列研究，试验采用四连杆机构对连梁施加低周反复的剪力和弯矩。选取其中 L - A 试件进行数值模拟，其剪跨比为 3。两试件其余参数详见文献。分析模型采用纤维模型截面，基于力（柔度）的 nonlinear Beam Column 单元，单元数取 3，积分点数 5。

分析结果和试验结果如图 3 - 20 所示。对比分析和试验，可见分析得到的初始刚度和极限承载力都偏大，有可能与实际情况相差很大（如 L - A 试件）。因此，仅考虑弯曲影响的连梁模型不能正确反映连梁的实际受力性能，必须适当考虑剪切的影响。

3.4.2.3　本书提出的连梁组合截面模型

针对连梁为弯剪构件的特点，同时考虑到计算效率，本章提出采用组合截面的方法，即在纤维截面（反映弯曲变形）的基础上，叠加剪切恢复力特性。

针对连梁的剪切恢复力模型不多，为此，本章参考已有的剪力墙剪切模型，根据连梁特点提出确定特征参数的方法。剪力墙剪切恢复力特性多采用原点指向三线性模型[34,42~44]，本节对连梁采用这种模型，其中 3 个特征点（开裂、屈服、极限）参数按下面方法确定：

初始弹性剪切刚度：

$$k_0 = GA_w/\Delta L \qquad (3-21)$$

式中　　G——混凝土剪切模量；

A_w——截面面积；

ΔL——连梁单元长度。

剪切开裂时的剪力：

$$V_c = 0.438\sqrt{f_c}A_w \qquad (3-22)$$

式中 f_c——混凝土轴心抗压强度（MPa）。

在剪力墙剪切恢复力模型中，取屈服剪力近似等于极限剪力，经试算，直接采用剪力墙的经验公式计算的屈服剪力偏高。因此，本节采用现行规程[45]中提供的连梁受剪承载力公式计算屈服剪力：$V_y = 0.7f_tb_bh_{b0} + f_{yv}\dfrac{A_{sv}}{s}h_{b0}$，式中 b_b 为连梁宽度，h_{b0} 为连梁截面有效高度。

剪切开裂后的刚度与初始弹性剪切刚度之比：

$$\alpha_s = 0.14 + 0.46\rho_hf_{yk}/f_c \qquad (3-23)$$

式中 ρ_h——连梁的配箍率；

f_{yk}——箍筋屈服强度。

屈服后刚度取为初始剪切刚度的 $0.1\% \sim 0.2\%$，以考虑强化行为。

3.4.2.4 本书连梁组合截面模型的实现

OpenSees 中的滞回材料（Hysteretic material）模型（如图 3-21 所示）的骨架曲线为折线，可以方便地用于定义应力应变或力变形关系。本章采用 Hysteretic material 定义剪切恢复力关系，三个参数点分别对应于应开裂点、屈服点和极限点。开裂位移和屈服位移分别为：

$$\Delta_c = V_c/K_0 \qquad (3-24)$$
$$\Delta_y = \Delta_c + (V_y - V_c)/(\alpha_sK_0) \qquad (3-25)$$

连梁的弯曲作用仍采用纤维模型加以考虑，再叠加上采用滞回材料定义的剪切恢复力模型，形成组合截面。

另需说明，由于剪切恢复力模型反映的是构件宏观受力特性，包含了滑移影响，故不再需要对连梁和墙肢界面的滑移单独进行模拟，减少了连接单元，使连梁的建模和分析计算都得到了较大的简化。

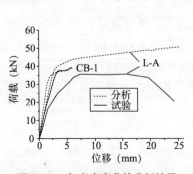

图 3-20 仅考虑弯曲的分析结果

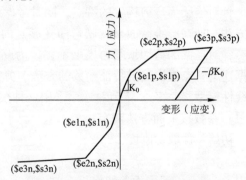

图 3-21 Hysteretic material 模型

3.4.2.5 本书连梁模型的验证及参数影响研究

对前面两次连梁试验采用组合截面进行分析，模型参数与前面相同，分析结果与试验骨架曲线对比见图 3 – 22。可见，采用组合截面的方法，分析结果与试验结果在刚度和强度上都能符合地很好，能反映连梁在剪弯受力下的总体性能。

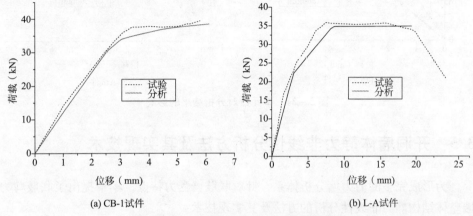

(a) CB-1试件   (b) L-A试件

图 3 – 22   本书组合截面模型的分析结果

对连梁的积分点数目（np）和单元数（elenum）两个参数进行敏感性分析，见图 3 –23 和图 3 –24。可见，积分点数对连梁分析结果影响不大，而单元数很少时（如取 1）分析结果对单元数比较敏感，可能与实际情况偏差很大，但是当单元数取 3 以上时，分析结果收敛，能与实际情况比较接近，因此，单元数也无需取得太大。

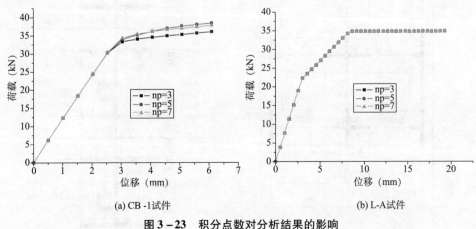

(a) CB -1试件   (b) L-A试件

图 3 – 23   积分点数对分析结果的影响

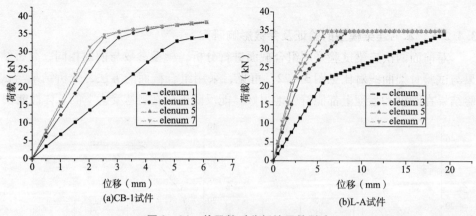

(a)CB-1试件　　　　　　　　　　　　　　(b)L-A试件

图 3 - 24　单元数对分析结果的影响

3.5　开洞墙体静力非线性分析方法及其实现技术

　　为形成完整的剪力墙分析体系，针对联肢墙受力特点，本章提出了联肢剪力墙整体结构静力非线性分析的方法及其实现技术。

3.5.1　整体分析模型的建立

　　如图 3 - 25 所示，将开洞墙体划分为墙肢、连梁和刚域 3 种基本单元，考虑它们之间连接的变形协调，建立整体模型。

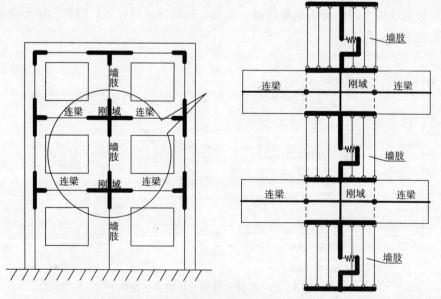

图 3 - 25　开洞墙体整体分析建模示意图

3.5.2 整体分析建模的实现

为进一步简化分析，对墙肢高度取为连梁中心间距，忽略局部刚域的影响。墙肢采用 MVLEM 单元，按前面实体墙分析方法设定参数。连梁采用组合截面模型，受剪恢复力骨架曲线的参数点按前面建议的方法计算。

对模型的关键点，墙肢和连梁分别采用参数化建模方法输入，本章编制的输入模板如图 3-26 所示。

3.5.3 开洞剪力墙静力非线性分析方法验证

Nam Shiu 等采用低周反复试验研究了用短连梁连接的双肢墙[46]。试验双肢墙为 1/3 缩尺模型，共 6 层，总体尺寸如图 3-27 所示。两个墙肢均设有暗柱。试件分层浇筑，各层混凝土强度有所差别，为节省篇幅，具体混凝土和钢筋的材料参数详见文献，此处不再罗列。下面对该试验 CS-1 墙体进行静力非线性推覆分析，以验证本节提出的联肢墙分析方法。

图 3-26 联肢墙参数化输入界面

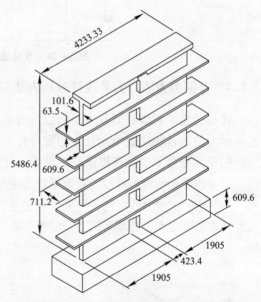

图 3-27 CS-1 试件模型尺寸（单位：mm）

建模时对底层和 2 层墙体每层划分为 3 个单元，3 层和 4 层墙体每层划分 2 个单元，其余墙体每层划分为 1 个单元。对每层连梁分别划分为 3 个单元。Belmouden 等[1]在试验研究的基础上对剪力墙进行了数值分析，分析中采用三线性恢复力骨架线来模拟底部的粘结滑移，恢复力曲线参数通过试验测得。因此，本书在墙肢底部设置零长粘结滑移单元，该单元的参数以及建模方法在第 2 章中已有详细讨论，此处不再赘述。结构整体分析模型如图 3 – 28 所示。

　　分析得到的荷载位移曲线如图 3 – 29 所示。图 3 – 29 中可见，分析曲线的初始刚度以及第 1 个转折点位置与试验符合地很好，分析得到的极限承载力与试验接近，荷载位移分析曲线能够较好地反映实际双肢墙荷载位移发展的总体趋势。

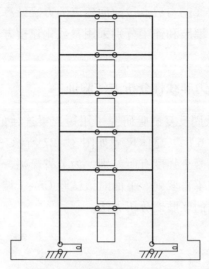

图 3 – 28　双肢墙结构模型

3.5.4　开洞剪力墙静力非线性分析方法参数研究

　　将每层连梁和墙肢划分为不同数量的单元，进行分析，发现分析结果对墙肢竖向单元的数目和连梁单元划分的数目并不敏感，表明采用本章模型和方法，在较少的单元划分下也能获得满意的结果，计算效率很高。

　　不考虑连梁的弯剪效应，将连梁设为刚性梁，计算荷载位移曲线如图 3 – 30 所示。与图中的试验曲线对比，可见二者相差很大，证明连梁对联肢墙结构整体的非线性性能影响很大，必须采用适当的模型模拟连梁才能获得准确的结构反应。

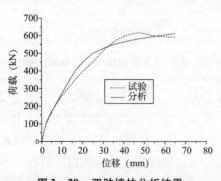

图 3 – 29　双肢墙的分析结果

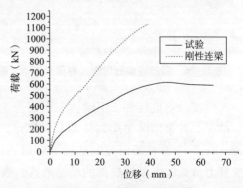

图 3 – 30　刚性连梁的影响

3.6 小结

本章基于钢筋混凝土薄膜元软化桁架理论，考虑弯曲和剪切的耦合，在对混凝土实体墙的数值模型研究的基础上，通过对连梁数值模型和整体建模方法的研究，提出了开洞混凝土墙体静力非线性分析的方法及其实现技术。本章通过系统地研究剪力墙结构的静力非线性分析方法，得出的主要结论如下：

（1）本章提出的模型和方法适用于结构整体分析，能够分析剪力墙达到峰值承载力后的弹塑性受力性能，得到水平力作用下有下降段的力－位移关系全曲线即能力曲线。

（2）对于具有约束边缘构件的剪力墙，约束混凝土本构特征点参数对分析结果有很大影响。本章采用的方法能考虑约束边缘构件对剪力墙受力性能的影响，通过比较研究，建议对约束混凝土特征点采用 Saatcioglu 模型参数。

（3）本章在原点指向三折线剪切恢复力模型的基础上，根据连梁特点提出了确定特征参数的方法，并采用组合截面方法进行实现。采用本节连梁模型的分析结果与试验结果在刚度和强度上都能符合地很好，能反映连梁在剪弯受力下的总体性能。

（4）经与已有的双肢墙试验对比，本章程序能较准确地得到结构的初始刚度以及第 1 个转折点位置，分析得到的极限承载力与试验接近，荷载位移分析曲线能够较好地反映实际双肢墙荷载位移发展的总体趋势。采用本章模型和方法，在较少的单元划分下也能获得满意的结果，计算效率很高。

参考文献

［1］Youssef Belmouden, Pierino Lestuzzi. Analytical model for predicting nonlinear reversed cyclic behaviour of reinforced concrete structural walls［J］. Engineering Structures. 2007, 29（7）: 1263–1276.

［2］Kutay Orakcal, Leonardo M. Massone, John W. Wallace. Analytical Modeling of Reinforced Concrete Walls for Predicting Flexural and Coupled – Shear – Flexural Responses［R］. Los Angeles: Pacific Earthquake Engineering Research Center, University of California, Los Angeles, 2006.

［3］韩小雷，陈学伟，吴培烽等．OpenSEES 的剪力墙宏观单元的研究［J］．世界地震工程．2008, 24（4）: 76–81.

［4］陈勤，钱稼茹，李耕勤．剪力墙受力性能的宏模型静力弹塑性分析［J］．土木工程学报．2004, 37（03）: 35–43.

［5］缪志伟，陆新征，叶列平等．高强配筋剪力墙框剪结构的地震行为研究［J］．华中科技大学学报（城市科学版）．2007, 24（04）: 17–21.

［6］叶列平，陆新征，马千里等．混凝土结构抗震非线性分析模型、方法及算例［J］．工程力学．2006, 23

(S2)：131 – 140.

[7] 缪志伟，陆新征，叶列平等．微平面模型在剪力墙结构计算中的应用［J］．深圳大学学报（理工版）．2008, 25（02）：122 – 128.

[8] 缪志伟，陆新征，李易等．基于通用有限元程序和微平面模型分析复杂应力混凝土结构［J］．沈阳建筑大学学报（自然科学版）．2008, 24（01）：49 – 53.

[9] Alfonso Vulcano. Macroscopic Modeling for Nonlinear Analysis of RC Structural Walls［C］．见：Peter Fajfar H K. Nonlinear seismic analysis and design of reinforced concrete buildings. Oxon: Taylor & Francis, 1992.

[10] California Seismic Safety Commission. Seismic Evaluation and Retrofit of Concrete Buildings（Report No. ATC – 40）［R］．California：Applied Technology Council, 1996.

[11] FEMA, ASCE. FEMA 356 Prestandard And Commentary For The Seismic Rehabilitation Of Buildings［R］．Washington, D. C.：Federal Emergency Management Agency, 2000.

[12] 齐虎，孙景江，林淋．OPENSEES 中纤维模型的研究［J］．世界地震工程．2007, 23（04）：48 – 54.

[13] MIDAS Information Technology coroporation. MIDAS Gen Manual Analysis&Design［EB/OL］．http://www.midasUser.com, 2002 – 11 – 29.

[14] 傅金华．建筑抗震设计及实例——建筑结构的设计及弹塑性反应分析［M］．北京：中国建筑工业出版社, 2008.

[15] 汪大绥，贺军利，芮明倬等．带有剪力墙（筒体）结构静力弹塑性分析方法与应用［J］．建筑结构．2006（07）．

[16] Smith B. Stafford, Coull A. 高层建筑结构分析与设计［M］．地震出版社, 1993.

[17] Matej Fischinger, Tomaz Vidic, Peter Fajfar. nonlinear seismic analysis of structural walls using the multiple – vertical – line – elemnet model［C］．见：Peter Fajfar H K 主编．Nonlinear seismic analysis and design of reinforced concrete buildings. New York：Taylor & Francis, 1992.

[18] 贺国京，阎奇武，袁锦根．工程结构弹塑性地震反应［M］．北京：中国铁道出版社, 2005.

[19] 孙景江，江近仁．高层建筑抗震墙非线性分析的扩展铁木辛哥分层梁单元［J］．地震工程与工程振动．2001, 21（02）：78 – 83.

[20] 徐增全．钢筋混凝土薄膜元理论［J］．建筑结构学报．1995, 16（05）：10 – 19.

[21] 韦锋，杨红，白绍良．钢筋混凝土剪力墙多竖杆模型的应用和讨论［J］．重庆大学学报（自然科学版）．2005, 28（01）：126 – 130.

[22] Massone L. M. RC wall shear – flexure interaction Analytical and experimental responses［D］：［博士学位论文］．Los Angeles：University of California, Los Angeles, 2006.

[23] Sandor Popovics. A Numerical Approach to the Complete Stress – Strain Curve of Concrete［J］．Cement and Concrete Research. 1973, 3：583 – 599.

[24] Comit Euro – International Beton. CEB_ MC1990E　CEB – FIP MODEL CODE 1990（design code）［S］．London：Thomas Telford Services Ltd, 1993.

[25] T. H. Wee, M. S. Chin, M. A. Mansur. Stress – Strain Relationship of High – Strength Concrete in Compression［J］．Journal of Materials in Civil Engineering. 1996, 8（2）：70 – 76.

[26] Thomas Tseng Chuang Hsu. Unified theory of reinforced concrete［M］．Boca Raton：CRC Press, 1993.

[27] Esneyder Montoya, Frank J. Vecchio, Shamim A. Sheikh. Compression Field Modeling of Confined Concrete Constitutive Models［J］．Journal of Materials in Civil Engineering. 2006, 18（4）：510 – 517.

[28] H. Belarbi, T. C. C. Hsu. Constitutive Laws of Concrete in Tension and Reinforcing Bars Stiffened by Concrete［J］．ACI Structural Journal. 1994, 91（4）：465 – 474.

[29] Robert Park, M. J. Nigel Priestley, Wayne D. Gill. Ductility of square – confined concrete columns［J］．Journal

of Structural Division. 1982, 108 (ST4): 929 – 950.

[30] Jose Miguel Vallenas, Vitelmo V. Bertero, Egor P. Popov. Concrete confined by rectangular hoops and subjected to axial loads [R]. Berkeley: Earthquake Engineering Research Center, University of California, 1977.

[31] Murat Saatcioglu, Amir H. Salamat, Salim R. Razvi. Confined Columns under Eccentric Loading [J]. Journal of Structural Engineering. 1995, 121 (11): 1547 – 1556.

[32] 钱稼茹, 程丽荣, 周栋梁. 普通箍筋约束混凝土柱的中心受压性能 [J]. 清华大学学报（自然科学版）. 2002, 42 (10): 1369 – 1373.

[33] Jose Miguel Vallenas, Vitelmo V. Bertero, Egor P. Popov. Hysteratic behavior of reinforced concrete structural walls [R]. Berkeley: Earthquake Engineering Research Center, University of California, 1979.

[34] Vulcano A, Bertero V. V. Analytical Models for Predicting the Lateral Response of RC ShearWall Evaluation of Their Reliability [R]. Berkeley: Earthquake Engineering Research Center, University of California, 1987.

[35] 何政, 欧进萍. 钢筋混凝土结构非线性分析 [M]. 哈尔滨: 哈尔滨工业大学出版社, 2007.

[36] 赵国藩. 高等钢筋混凝土结构学 [M]. 北京: 中国电力出版社, 1999.

[37] Applied Technology Council (ATC – 33 Project). FEMA Publication 274 NEHRP Commentary On The Guidelines For The Seismic Rehabilitation Of Buildings [R]. Washington, D. C.: BSSC, 1997.

[38] 陈勤, 钱稼茹. 钢筋混凝土双肢剪力墙静力弹塑性分析 [J]. 计算力学学报. 2005, 22 (01): 13 – 19.

[39] 梁启智, 汤海波. 普通钢筋混凝土连梁抗震性能的有限元分析 [J]. 华南理工大学学报（自然科学版）. 1995, 23 (01): 1 – 11.

[40] 吴波, 刘志强, 李惠等. 香港现役钢筋混凝土连梁的抗震性能试验研究 [J]. 世界地震工程. 2002, 18 (02): 9 – 16.

[41] 刘志强, 吴波, 林少书. 钢筋混凝土连梁的抗震性能研究 [J]. 地震工程与工程振动. 2003, 23 (5): 117 – 124.

[42] 汪梦甫, 周锡元. 钢筋混凝土剪力墙多垂直杆非线性单元模型的改进及其应用 [J]. 建筑结构学报. 2002, 23 (01): 38 – 42.

[43] 李国强, 周向明, 丁翔. 钢筋混凝土剪力墙非线性动力分析模型 [J]. 世界地震工程. 2000, 16 (02): 13 – 18.

[44] 司林军, 李国强, 孙飞飞. 钢筋混凝土剪力墙二元件模型的有效性研究 [J]. 结构工程师. 2008, 24 (04): 19 – 24.

[45] 中华人民共和国建设部. JGJ 3—2002 高层建筑混凝土结构技术规程 [S]. 北京: 中国建筑工业出版社, 2002.

[46] K. Nam Shiu, T. Takayanagi, W. Gene Corley. Seismic Behavior of Coupled Wall Systems [J]. Journal of Structural Engineering. 1984, 110 (5): 1051 – 1066.

第4章 框架填充墙结构及外包钢加固框架结构静力非线性分析方法研究

4.1 引言

现行的建筑设计规范没有充分考虑填充墙对结构刚度及周期影响到何种程度，而只是采取乘以周期折减系数的办法[1]，而填充墙的多少、开洞情况、分布形式，对结构的影响不容忽略，所以规范采用的折减系数很难概括各种可能的情况。填充墙尽管作为"非结构"构件，但仍参与承担了地震作用，而且充当了第一道抗震防线的主力构件，使框架退居为第二道防线，其破坏行为复杂，而且呈现出多种失效的模式[2]。虽然国内外的学者对框架－填充墙结构做了大量的研究工作并取得不少研究成果[2~4]，但目前的单个等效斜撑模型过于简单，在非线性阶段分析时存在困难，而多个等效斜撑模型，参数比较多，过于复杂又不实用，所以以能够合理反映填充墙弹性阶段和弹塑性阶段的模型研究，是一个结构弹塑性分析重点需要解决的问题。本章结合砌体填充墙框架结构在地震作用下的受力特点和破坏特征，提出等效弹簧斜撑模型并进行了算例分析。

提高既有结构的抗震性能，对震损结构进行修复，都需要加固改造，加固后结构抗震性能的正确评价问题已无法回避，并将越来越受到人们的重视。加固后结构在中、大震下抗震性能评价与弹塑性反应分析密切相关，当前，结构分析和设计具有精细化的发展趋势[5]，随着基于性态抗震理论的发展，特别是强化第二阶段抗震设计已成为抗震设计理论的重要发展方向，要求加强对加固结构的弹塑性分析研究。

由于国内现行的新建和加固规范都是基于承载力的，在加固设计中，往往简单地用一些如协同工作系数、强度发挥系数等来考虑，对改造后的结构在反复荷载作用下的变形能力关注不够。国外如 FEMA356[6] 等文件对加固后的构件提出重新评价的要求，指出对于维修加固的结构，分析时应该考虑加固对刚度、强度和变形能力的影响，但结构分析方法却没有具体明确。

加固改造后结构往往成为混合结构体系或组合结构，改造后形成的新老结合结构体系受力复杂，而现行通用分析软件都是为新建结构设计的，或者难以直接用于对改造后构件和结构的抗震性能进行评价，或者由于不能反映加固改造特点，影响计算结果的可靠性。针对加固后结构分析方法的研究已滞后于工程应用的需要。

混凝土框架梁柱进行加固，外包钢是常用有效方法之一，近年来还有与其他新材料复合发展的趋势[7]。外包钢加固后成为组合结构，国外加固当中应用较多的 steel jacketing[8,9]与国内常用的型钢骨架湿式外包钢存在差异；国内对外包钢加固在构件层次的试验和理论研究开展了不少，但是对于加固框架结构的抗震性能研究却不多见，针对结构整体弹塑性变形能力的理论研究，数值模拟少有报道。特别需要注意的是，外包钢加固一般只是用于结构的局部部位，加固后形成的复合结构体系受力性能更加复杂，不适当的局部加强甚至可能会引起薄弱部位的转移，埋下隐患，因此，对这种加固结构在中大震下的抗震性能进行正确评价值得研究。

外包钢加固框架结构属组合结构范畴，力学模型可抽象为杆系抗侧力体系，对其进行研究具有代表性。近年来，纤维模型受到广泛关注，被认为在理论上具有较高精度[10]，但是目前纤维模型在组合结构上的应用还不多，对于外包钢加固后形成的复合结构体系基于纤维模型的分析未见报道。本章以外包钢加固框架结构为对象，研究了外包钢对混凝土约束效应的数值模型，基于纤维模型理论，提出了外包钢加固柱的数值分析方法，以此为基础，开发和实现了外包钢框架结构整体静力非线性分析方法。

4.2 框架填充墙结构的等效弹簧斜撑模型研究

4.2.1 填充墙等效弹簧斜撑模型

（1）框架填充墙结构的受力特点

根据大量的震害调查和模型试验分析，填充墙和框架共同工作过程大体分为以下四个阶段：

1）弹性工作阶段：填充墙和框架均处于弹性工作阶段，填充墙与框架很快在接触面形成周边初裂缝。

2）框架结构弹性阶段：随着水平地震作用的加大，周边裂缝也不断加大，填充墙与框架对角接触部分有碎裂现象，墙面出现未贯通的斜裂缝。此时，框架仍处于弹性工作状态，填充墙成为主要的抗侧力构件。

3）整体弹塑性工作阶段：水平地震作用继续加大，墙面出现微裂缝并扩展成贯通的斜裂缝，框架柱也出现裂缝。此时，填充墙框架达到最大承载力阶段，框架是主要承载力构件。

4）框架结构塑性阶段：层间变形继续增大，填充墙框架结构的总承载能力开始下降并达到极限状态，框架梁柱形成明显的塑性铰，结构趋于倒塌。

（2）填充墙框架结构的主要模型

1995 年曹万林等提出了墙、框并联模型。该模型建立的依据是框架与填充墙的侧向位移相等，当需要考虑填充墙局部发生变化（局部楼层无填充墙或仅有少许填充墙等）引起的框架内力的变化时，不宜采用该模型。等效斜撑模型根据刚度等效，将填充墙等效为一根与墙同厚度、相当宽度（1/10 ~ 1/7 填充墙对角线长度）的斜杆铰接于框架平面，此斜杆只承受压力，不承受拉力，形成斜撑与框架共同抗侧力。等效平面框架模型利用等效刚度方法，将填充墙约束部分的框架截面转化成等效的框架截面，杆件变成端部较强而中部较弱的杆件，类似于壁式框架模型，该模型只能进行弹性阶段的模拟分析，对于开洞不在中心的情况无法解决。2003 年，Wael[11] 将完全填充钢框架简化为三个等效支撑模型，该模型考虑了结构的非线性，但该模型中的参数计算是通过对结构极限状态分析而得到的，不符合结构的实际受力情况，大大低估了填充墙的作用。有限元模型计算需要大量的时间，且经国内外大量试验研究表明，该模型并不能很好的模拟实际情况下填充墙对钢筋混凝土框架结构的作用。

（3）等效弹簧模型刚度的计算

对比以上模型，结合填充墙框架结构在地震作用下的受力特点，建立填充墙等效模型，等效原则主要有：质量相等、刚度等效，尤其抗侧刚度相同。质量相等是将填充墙荷载施加在框架梁上，而填充墙的刚度等效为非线性弹簧，其初始刚度推导如下。

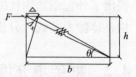

图 4 - 1　推导简图

推导简图如图 4 - 1 所示。

等效弹簧的轴向变形：
$$\Delta_\mathrm{x} = \Delta \cdot \cos\theta \qquad (4-1)$$

式中　　Δ_x——弹簧的轴向变形；

　　　　Δ——填充墙的侧向位移；

　　　　θ——连接单元与水平方向的夹角。

轴向力：
$$N = K_0 \cdot \Delta_\mathrm{x} \qquad (4-2)$$

水平力：
$$F = K_0 \cdot \Delta_\mathrm{x} \cdot \cos\theta = K_0 \cdot \Delta \cdot \cos^2\theta \qquad (4-3)$$

一块墙的抗侧力为：
$$F = K_\mathrm{w} \cdot \Delta \qquad (4-4)$$

式中　　K_w——砌体填充墙的弹性侧移刚度；

　　　　K_0——弹簧的轴向刚度。

墙既有弯曲又有剪切变形，则：$K_\mathrm{w} = \sum \dfrac{1}{\delta_\mathrm{b} + \delta_\mathrm{s}}$

由 $\delta_\mathrm{b} = \dfrac{h^3}{12E_\mathrm{w}I} = \dfrac{1}{E_\mathrm{w}t}\left(\dfrac{h}{b}\right)^3$，$\delta_\mathrm{s} = \dfrac{1.2h}{b \cdot t \cdot G} = \dfrac{3h}{E_\mathrm{w} \cdot t \cdot b}$，得：

$$K_\mathrm{w} = \sum \frac{1}{\delta_\mathrm{b} + \delta_\mathrm{s}} = \frac{E_\mathrm{w} \cdot t}{\dfrac{h}{b}\left[\left(\dfrac{h}{b}\right)^2 + 3\right]} \qquad (4-5)$$

当考虑到填充墙上有洞口时，引入洞口刚度影响系数。根据陈铁成等[12]的研究：开洞折减系数 β 主要取决于开洞率 α 的大小。

$\alpha = \sqrt{m \cdot n}$，其中 m、n 分别为洞高率和洞宽率。

当 $\alpha \leq 0.1$ 时，$\beta = 1.0$；

当 $\alpha > 0.1$ 时，$\beta = 1.083 - 0.83\alpha$。

结合式（4-3）和式（4-4）得出等效弹簧的轴向刚度为：

$$K_0 = \frac{\beta K_w}{\cos^2\theta} = \frac{\beta E_w \cdot t}{\cos^2\theta \dfrac{h}{b}\left[\left(\dfrac{h}{b}\right)^2 + 3\right]} \qquad (4-6)$$

式中　　h、t、b——分别为填充墙的高度、厚度和宽度；

　　　　　θ——连接单元与水平方向的夹角；

　　　　　β——洞口刚度影响系数；

　　　　　E_w——砌体的弹性模量。

（4）填充墙恢复力模型

框架填充墙结构的破坏主要有弹性阶段到开裂阶段再到屈服破坏阶段，填充墙开裂以后仍具有一定的承载能力，并不是完全失效，直到框架全部破坏。为了使用方便，而且基本反映填充墙的破坏特征，参照砌体受压本构关系模型[13]，砌体填充墙的恢复力模型可近似用四个直线段来表

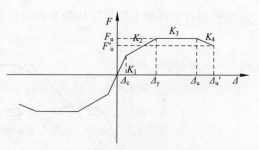

图4-2　填充墙的恢复力模型

达。如图4-2所示，四直线的斜率分别用 K_1、K_2、K_3、K_4 表示。其中 K_1 为填充墙开裂前的平均抗侧刚度，取为砌体填充墙抗侧刚度的0.5倍，即 $K_1 = 0.5K_0$；K_2 为墙面普遍开裂后的抗侧刚度，取 $K_2 = 0.14K_1$；K_3 近似的取为0；下降段：$F_u' = \dfrac{2}{3}F_u$，K_4 通过 F_u、F_u'、Δ_u、Δ_u' 计算得到；填充墙恢复力模型转折点处的

层间变形值分别为 Δ_c、Δ_y、Δ_u、Δ'_u。取 $\dfrac{\Delta_c}{h} = \dfrac{1}{2500}$，$\dfrac{\Delta_y}{h} = \dfrac{1}{150}$，$\dfrac{\Delta_u}{h} = \dfrac{1}{75}$，$\dfrac{\Delta'_u}{h} = \dfrac{1}{50}$。

由此，根据以上参数基本确定填充墙恢复力模型。

（5）基于纤维模型的框架结构模型验证

为验证 OpenSees 纤维模型对框架结构的适用性，本章选取了文献［14］单层单跨混凝土框架和文献［15］三层混凝土框架两次不同的低周反复试验进行模拟。文献［14］中试验模型尺寸取为实际框架的1/3，跨度为2000mm，层高为1200mm，柱截面为 160mm×160mm，梁截面为 100mm×200mm，保护

层厚20mm。梁、柱纵筋均采用 HRB335 钢筋，箍筋采用 HPB300 钢筋，其中柱主筋 4 ⏀ 10，梁主筋 4 ⏀ 12，箍筋均为 φ6@100。实测混凝土强度等级为28.5MPa，柱和梁钢筋屈服强度分别是 414MPa 和 398MPa。框架柱轴压比为0.25，试验时首先对两个框架柱施加轴力，然后进行水平推覆。文献［15］中三层混凝土框架 2 总高 4080mm，跨度 3600mm，梁截面为 320mm × 120mm，柱截面 200mm × 200mm，梁柱保护层厚 15mm，梁、柱纵筋均采用 HRB335 钢筋，箍筋采用 HPB300 钢筋，限于篇幅，配筋和材料性能见文献［15］；试验时首先在顶层两个框架柱和跨中上施加竖向荷载，然后对顶层进行水平推覆。

两个试验模拟中，混凝土定义为忽略受拉行为的 Concrete01 材料，钢筋采用双线性带可选各向同性强化的 steel01 材料；在截面上，核心混凝土划分为 10 根纤维，保护层混凝土划分为 24 根纤维，每根钢筋为一根纤维；采用基于力的梁柱单元（Nonlinear Beam Column）来定义框架梁柱。

图 4 - 3 中推覆的荷载位移曲线与试验骨架曲线符合地较好，证明 OpenSees纤维模型对于混凝土框架结构静力弹塑性分析有较好的准确性。

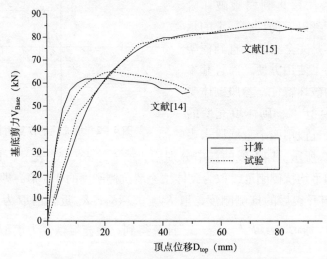

图 4 - 3　纤维模型在混凝土框架结构中的验证

4.2.2　等效弹簧斜撑模型的验证

（1）试验参数

童岳生等[16]对砖填充墙钢筋混凝土框架做了一定数量的模型试验，本章选用其中的实体填充墙框架 C—3 和开窗洞填充墙框架 D—1 试验结果。框架模型及配筋材料等主要参数如下：试件为单层单跨，柱截面为 150mm × 100mm，梁截面为 180mm × 100mm，柱距 1500mm，层高 1000mm，框架内部纵筋及箍筋采用

5

HPB300，D—1 开洞率为 26%，其他参数详见文献。

（2）模型计算结果与试验值对比分析

根据以上试验参数，使用 LINK 单元建立填充墙等效模型。图 4 - 4 和图 4 - 5 分别为未开洞和考虑开洞的填充墙框架模型计算和试验结果的对比。

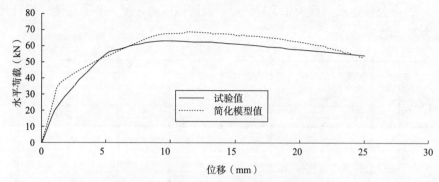

图 4 - 4　试件 C - 3 试验值与计算值对比

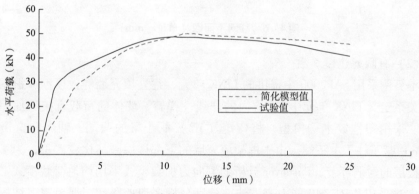

图 4 - 5　试件 D - 1 试验值与计算值对比

由上图可见，试验值与计算值基本符合，表明本节提出的等效模型合理、可行。

4.2.3　框架填充墙结构算例分析

基于本节提出模型的基础上，分别建立两个模型，模型一为仅考虑填充墙重量，不考虑填充墙刚度作用的纯框架，模型二考虑填充墙荷载和刚度作用的框架填充墙结构。利用 SAP2000 建立填充墙等效模型与纯框架做对比，进行 Pushover 非线性分析，以研究填充墙对框架结构的抗震性能影响。

（1）工程概况

某办公楼为 5 层框架填充墙结构，底层层高 3.9m，其他层层高 3.6m，柱网平面图如图 4 - 6 所示。柱截面 500mm × 500mm，梁截面 250mm × 500mm。混凝土强度等级 C30，弹性模量为 3×10^4 MPa，填充墙厚 240mm，砖强度等级为 MU10，M5 砂浆，砌体弹性模量为 2.4×10^3 MPa，重量密度为 19kN/m³。所有梁柱受力主筋选用 HRB335 钢筋，箍筋选用 HPB300 钢筋，纵向填充墙考虑开窗、门等，开洞率为 50%。横向为全高无开洞填充墙。板厚 120mm，楼面活载为 2kN/m²，办公楼走廊活载为 2.5 kN/m²。设防烈度为 8 度，Ⅱ 类场地，设计地震分组为第二组。

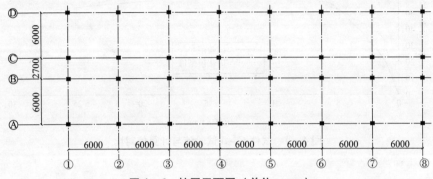

图 4-6　柱网平面图（单位：mm）

（2）有限元建模参数

本算例采用 SAP2000 中提供的 LINK 单元，建立填充墙等效模型，根据力-变形关系定义 LINK 单元中 U1 方向的非线性弹簧，墙体的荷载直接施加在框架梁上。采用塑性铰本构模型，将弯矩（M3）赋予梁的两端，轴力和弯矩相关（PMM）赋予柱子上下端。由于框架填充墙的下部楼层破坏比较严重，为了揭示下部楼层的薄弱环节，Pushover 分析的侧向力加载模式采用均匀荷载模式。推覆分析方法采用 ATC-40 能力谱方法，分别分析多遇地震和罕遇地震下结构需求谱和能力谱的交点（即性能点）。

（3）计算结果与分析

1）模态分析

对模型一和模型二分别进行模态分析，得到它们的自振周期，见表 4-1。

周期输出结果　　　　　　　　　　　　　　　　表 4-1

振型	模型一自振周期	模型二自振周期	模型二/模型一
1	0.658921	0.268577	0.407601
2	0.642315	0.243745	0.379479
3	0.599167	0.241097	0.402387
4	0.206054	0.089917	0.436376
5	0.201786	0.082017	0.406455

续表

振型	模型一自振周期	模型二自振周期	模型二/模型一
6	0.18793	0.081397	0.433124
7	0.112003	0.052946	0.472719
8	0.11016	0.052764	0.478976
9	0.102349	0.051353	0.501744

周期比值如图 4-7 所示。

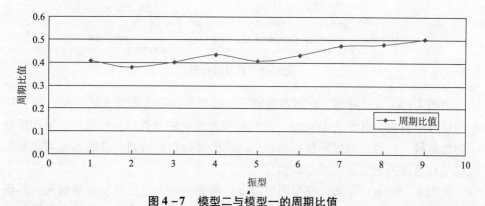

图 4-7 模型二与模型一的周期比值

模型一的自振周期明显大于模型二的，说明填充墙增强了结构的刚度，使得结构的周期变短，因此，填充墙引起的刚度效应不可忽视。由图 4-7 得出，填充墙框架结构与纯框架结构的周期比值基本落在 0.4~0.5 之间，与文献 [17] 常见墙体周期折减系数为 0.4~0.5 相吻合，比规范建议的周期折减系数 0.6~0.7 要小。

2）pushover 分析

在多遇地震作用下，不考虑填充墙刚度影响时，结构的性能点为（1428.36kN，12mm），考虑填充墙刚度影响时，结构性能点为（2272.831kN，2.954mm），推覆分析达到性能点时层间位移角如图 4-8（a）所示。

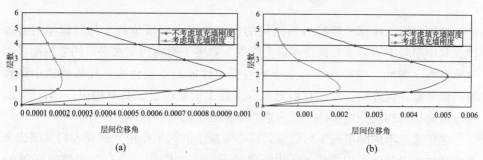

(a)   (b)

图 4-8 性能点对应的层间位移角

在罕遇地震作用下，不考虑填充墙刚度影响时，结构的性能点为（4572.02kN，65mm），考虑填充墙刚度影响时，结构性能点为（8163.409kN，21mm），推覆分析达到性能点时层间位移角如图4-8所示，塑性铰分布如图4-9所示。

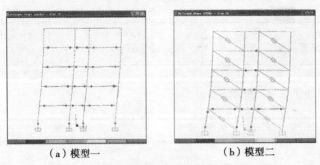

（a）模型一　　　　　　　（b）模型二

图 4-9　塑性铰分布

由图4-8（a）可知，在多遇地震下，模型一（不考虑填充墙刚度）的2层层间位移角最大，其值为1/1065，未超过规范规定的弹性位移角限值，结构都处于弹性阶段。模型二的层间位移角较小，沿楼层分布较均匀，说明填充墙能显著提高结构整体抗侧刚度，减小结构变形。

由图4-8（b）可知，在罕遇地震下，模型一的2层层间位移角最大，其值为1/188，超过弹性位移角限值，框架进入弹塑性阶段。模型二的最大层间位移角所在的层数，由原来的二层变成一层，说明底层填充墙遭遇更大地震之后，所受的侧向力变大，产生严重破坏，刚度产生突变，底层变成薄弱层，使得底层柱破坏严重，这与实际震害相符合。

由图4-9可知，结构基本实现"强柱弱梁"失效机制，考虑填充墙影响后，梁端的塑性铰数量减少了很多，但在一层柱顶出现了塑性铰，而柱底减少了塑性铰。

4.3　外包钢围套约束效应数值模型的研究

地震作用下计算机模拟分析结构的准确性很大程度依赖于材料模型的合理性，其中混凝土的强度和延性在很大程度上取决于侧向约束水平，约束的刚度和基本性能（弹性、弹塑性等）是影响混凝土性能的重要因素。加固改造中最普遍的做法是外包外贴，外加材料对原有混凝土形成围套，具有约束作用，因此，对于改造后结构的分析往往需要考虑约束混凝土的受力性能。

多年来，考虑圆形或矩形箍筋对核心混凝土的约束作用，研究者们发展出来了多种约束混凝土本构模型，适用于单调或循环加载[18]，最有代表性的有 Mander 模型[19,20]、Sheikh 模型和 Kent – Park 模型及其改进的 Kent – Scott – Park 模型[21]。随着新型纤维片材在土木工程中的引进和大量应用，国内外又出现了与纤维增强复合材料有关的各种约束混凝土模型。当前，使用范围更广，能用于不同约束条件和混凝土强度的约束混凝土模型仍在不断发展当中[22,23]，还有学者提出了统一模型[24,25]，试图通过调整参数，将与箍筋、钢和 FRP 等有关的约束作用纳入一种形式之下。对比研究发现[26,27]，各模型间存在比较大的差异，尤其是下降段延性[28]。注意到下降段行为与中、大震下的弹塑性反应密切相关，因而约束混凝土本构关系的选择对于要求比较精细化的结构弹塑性反应分析非常重要。

本章对混凝土采用常用的 Kent – Scott – Park 模型，反复受压时的骨架曲线见图 4 – 10，曲线由上升段二次曲线、下降直线段和水平直线段三段组成；滞回规则为：混凝土卸载时先按初始切线刚度向下卸载，再加载时考虑刚度退化系数。对于约束混凝土，采用以体积配箍率表示的约束指标（配箍特征值）来考虑对应力和应变增大作用，并通过修改无约束混凝土受压骨架曲线应变软化段的斜率来考虑约束作用的影响，因此，能反映约束混凝土随箍筋配置产生的强度提高以及峰值应变增大的特点，考虑了体积配箍率、箍筋屈服强度、箍筋间距对约束混凝土力学性能的影响。考虑箍筋约束作用的 Kent – Scott – Park 模型本构关系[21]如下式：

$$\begin{cases} \sigma = kf_c[2(\varepsilon/\varepsilon_0) - (\varepsilon/\varepsilon_0)^2] & (\varepsilon \leqslant \varepsilon_0) \\ \sigma = kf_c[1 - Z(\varepsilon - \varepsilon_0)] \geqslant 0.2kf_c & (\varepsilon_0 < \varepsilon \leqslant \varepsilon_u) \end{cases} \quad (4-7)$$

$$Z = \frac{0.5}{\dfrac{3 + 0.29f_c}{145f_c - 1000} + 0.75\rho_s\sqrt{\dfrac{h'}{s_h}} - 0.002k} \quad (4-8)$$

Scott 等人提出：

$$\varepsilon_u = 0.004 + 0.9\rho_s\frac{f_{yh}}{300} \quad (4-9)$$

其中：$\varepsilon_0 = 0.002K$，$K = 1 + \rho_s\dfrac{f_{yh}}{f'_c}$；$\rho_s$ 为体积配箍率；f_{yh} 为箍筋（扁钢箍）屈服强度，f_c' 为混凝土圆柱体抗压强度；h' 为以箍筋外边计的约束核心混凝土宽度；s_h 为箍筋间距。

当前，约束混凝土研究的文献虽然较多，但针对外包钢围套加固后的混凝土本构关系研究很少，本章在参考文献资料的基础上，为简化分析，将外包钢围套与箍筋约束作用统一起来，将缀板等效于箍筋，用约束指标来考虑约束增强作用。外包钢和箍筋的约束作用增强系数统一按式（4-10）计算：

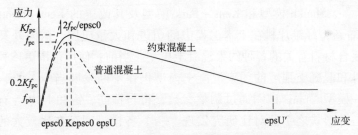

图 4 – 10　Kent – Scott – Park 混凝土本构关系模型

$$K = 1 + \rho_{s} \frac{f_{yh}}{f_{c}} \tag{4 – 10}$$

式中符号意义同前。

　　在下面的数值模拟当中，将结合分析结果验证本章提出的外包钢约束效应模型，并对约束混凝土参数的影响在截面和构件层次加以分析。

4.4　外包钢加固混凝土框架静力非线性分析的数值模型及实现技术

4.4.1　外包钢加固混凝土柱静力非线性分析的数值模型及实现过程

　　（1）基于纤维模型的材料、截面及单元

　　对混凝土采用反复受压时骨架曲线为 Kent – Scott – Park 模型的 concrete01 材料，钢筋和外包角钢均采用双线性带可选各向同性强化的 steel01 材料。

　　在进行截面定义时，将混凝土（分外部无约束混凝土和核心约束混凝土）、钢筋、外包角钢纤维定义为如图 4 – 11 所示模型。每根钢筋定义一个纤维。对于普通混凝土柱（原型柱）截面，核心约束混凝土划分为 10 个纤维单元，外围保护层混凝土划分为 24 个纤维单元。为简化计算，不考虑外包角钢的滑移，将外包钢围套后整个混凝土截面按约束混凝土划分为 10 个纤维单元，每个角钢划分为 2 个钢纤维单元，用 Patch Rect（或 Patch Quadr）定义。

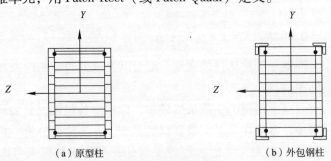

（a）原型柱　　　　　　　　　　　　　（b）外包钢柱

图 4 – 11　截面纤维定义

OpenSees 平台中基本的非线性梁柱单元分为两类：基于力的单元（Force Based Elements）和基于位移的单元（Displacement Based Element）。其中基于力的单元有分布塑性（即所谓纤维铰）的 Nonlinear Beam Column 单元和集中塑性铰的 Beam With Hinges 单元，传统的基于位移的单元有线性曲率分布的分布塑性单元 Disp Beam Column。特别对于模拟的可能发生软化的不稳定结构，单元划分数量和积分点数量的选择对分析精度影响很大。

（2）截面分析

截面分析可以获得梁柱杆件由于不同截面形式、尺寸和配筋方式形成的在不同轴压下的恢复力特性。OpenSees 从单轴材料本构出发，可得到合理的截面属性，它采用的基于柔度方法就是建立在积分点处截面分析的基础之上，进行构件和结构的分析。本章的截面分析程序中采用定义零长单元（Zero – Length Element），在施加轴力后对截面施加转动位移，得到弯矩曲率关系。通过记录的外包钢、钢筋和混凝土纤维的应力应变情况，得到截面屈服、最大曲率等恢复力特征点。

当前流行的结构分析软件中对杆系结构常用集中塑性铰的模式，需要输入塑性铰的特性，然而外包钢加固后构件截面塑性铰行为的试验资料很少，这时分布塑性的纤维截面分析可以为这些软件的应用提供可靠的依据。

（3）分析求解

首先采用荷载控制（Integrator Load Control）分荷载步施加轴向压力，进行一次非线性分析，再在柱顶采用位移控制的积分方案（Integrator Displacement Control）进行水平方向推覆。求解时采用 Newton – Raphson，Broyden，Newton 线性搜索等多种迭代算法控制收敛。

（4）后处理

在截面、构件和结构不同层次的分析中，都可以通过建立 Recorder 对象记录节点位移（Recorder Node），单元内力（Recorder Element），利用 Section 命令指定记录不同位置积分点的钢筋纤维、外包钢纤维和混凝土纤维的全过程应力应变，能非常方便地对计算结果进行后处理。对于构件和结构的反应，通过建立 Recorder 对象，同时采用 Section 命令记录截面上不同位置的钢筋纤维、外包钢纤维和混凝土纤维推覆全过程的应力应变。

4.4.2 外包钢加固混凝土柱静力非线性模型的验证

为验证本章方法的可靠性，选取了文献［7］和文献［29］两次不同的低周反复试验进行模拟分析计算，并与试验结果比较。由于反复荷载下柱的荷载变形曲线基本对称，取正向骨架曲线进行对比。

文献［7］为研究外包钢与碳纤维布复合加固钢筋混凝土柱抗震性能，进行了低周反复试验。选择外包钢柱 LCS 0 – 2 进行数值模拟，柱混凝土强度24.5MPa，截面尺寸 200mm×200mm，纵筋为 4 ⏀12，箍筋为 HPB300 普通 φ8 方箍，间距 100mm，外包角钢 4L30×4，缀板 –25×3@150。轴压比 0.5。

文献［29］的试验研究了采用不同灌浆料的湿式外包钢加固柱在低周往复荷载作用下荷载位移滞回曲线。选择长柱进行数值模拟，柱混凝土强度28.7MPa，截面尺寸为 300mm×160mm，纵筋为 4 ⏀12，箍筋为 HPB300 普通 φ6 方箍，间距 100mm，外包角钢 4L40×4，缀板 –50×4@200。轴压比 0.3。

经多次试算，单元选用 Nonlinear Beam Column，单元数取 1，设定沿杆件纵向的积分点数 np 为 3，采用本章方法推覆分析得到的荷载位移曲线与试验骨架曲线如图 4 – 12 所示。图 4 – 12（b）中多条试验曲线为采用不同灌浆料的外包钢柱骨架曲线。对比原型柱和外包钢加固柱的试验骨架曲线与分析曲线，可以看出分析得到的曲线能反映总体趋势，图 4 – 12（a）中分析结果与试验结果均吻合良好，图 4 – 12（b）中与最佳灌浆方式的试验结果符合地较好。此外，图 4 – 12 中还给出了原型柱和外包钢加固柱试验骨架曲线和分析曲线，可以看出分析结果与试验结果也都能符合地较好。证明基于 OpenSees 纤维模型对于原型普通混凝土柱和外包钢加固柱进行分析，都能得到合理可靠的结果。

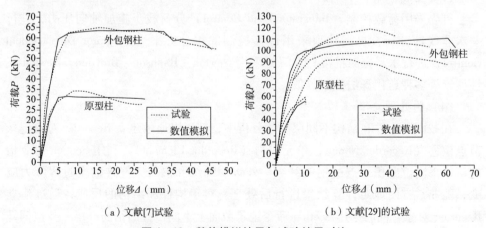

（a）文献[7]试验　　　　　　　　（b）文献[29]的试验

图 4 – 12　数值模拟结果与试验结果对比

4.4.3　外包钢柱静力非线性模型的主要影响因数及参数研究

4.4.3.1　是否考虑约束混凝土的影响

现行混凝土加固设计规范[30]提供的外包钢加固计算公式中，采用新增型钢

强度利用系数 α 考虑型钢强度的发挥情况（抗震设计取 1），将外包角钢的作用简单地进行叠加计算，其实质与《建筑抗震加固技术规程》[31] 的计算方法一致。为进行对比，作者编制了条带法程序，通过叠加角钢作用，计算不考虑外包钢围套约束作用下的弯矩曲率关系，与采用纤维模型分析的弯矩曲率和荷载位移关系如图 4 – 13 和图 4 – 14 所示。图 4 – 13（b）中的 A 点为按无约束混凝土计算的峰值点。

可见，不考虑外包钢围套对混凝土的约束作用，截面延性和构件延性很小，不能正确反映外包钢加固柱的延性性能。

4.4.3.2 约束混凝土本构参数的影响

约束混凝土本构关系中 $epsU'$ 点的位置决定受压骨架曲线下降段斜率的大小。分析中发现，$epsU'$ 参数的大小对截面弯矩曲率和构件的荷载位移有较大影响，要使得模拟结果准确，需要对此参数进行调整。Mander 模型计算混凝土极限压应变 ε_{cu} 的典型值一般在 0.012 ~ 0.05[32]，本章在这个范围内选取不同的 $epsU'$ 值，进行截面分析和构件分析。截面分析时，取监测的混凝土应变达到 $1.2 epsU'$ 所对应的曲率值作为最大曲率。

从图 4 – 13 和图 4 – 14 中可以看出，$epsU'$ 值在弯矩曲率关系中影响屈服后刚度，进而影响构件延性。表现为 $epsU'$ 值越大，截面延性和构件延性越大。当极限压应变值 $epsU'$ 取 0.023 时，两次试验模拟结果都较好。可见，采用本章提出的约束模型计算公式，能够比较准确模拟外包钢加固柱的荷载位移关系，从而获得正确的延性性能数值分析结果，验证了本章对外包钢约束效应提出的数值模型。

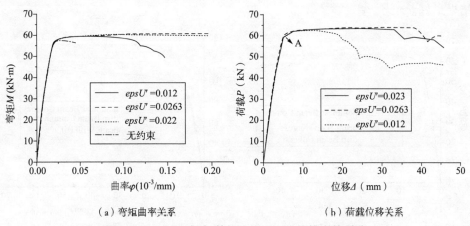

（a）弯矩曲率关系   （b）荷载位移关系

图 4 – 13   文献［7］算例中混凝土本构模型的影响

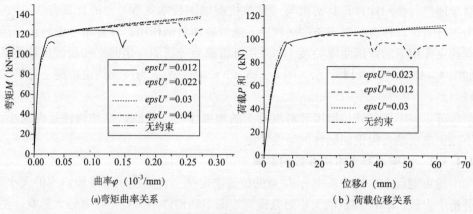

(a)弯矩曲率关系　　　　　　　　　　（b）荷载位移关系

图 4 - 14　文献［29］算例中混凝土本构模型的影响

4.4.3.3　单元选择

　　为比较单元的选择对分析结果的影响，本章分别采用 OpenSees 中基于力和基于位移的 Nonlinear Beam Column 单元、Beam With Hinges 单元和 DispBeam Column 单元进行试算分析，如图 4 - 15 所示。disp Beam Column 单元数目（长度）对结果有很大影响，单元数量少时，计算结果偏刚，随着单元数目增加很快收敛逼近试验结果。对于两次试验采用 6 结点 5 单元模型分析得到的荷载位移曲线如图4 - 15 所示。采用 Beam With Hinges 单元与 Nonlinear Beam Column 单元的结果接近，差别很小。三种单元都能较好反映总体趋势，分析结果也比较接近，都可用于外包钢加固柱的分析，其中 Nonlinear Beam Column 单元分析结果最好。

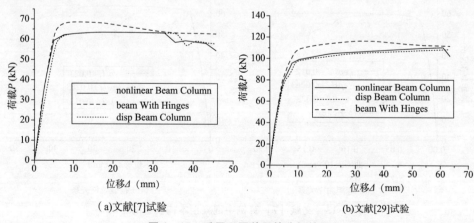

（a)文献[7]试验　　　　　　　　　　(b)文献[29]试验

图 4 - 15　采用不同单元的分析结果

4.4.3.4 积分点数目

Filippou 教授等人在基于力的单元的发展过程中，专门研究了积分点的影响，指出分析结果对积分点数目敏感，随着积分点降低，单元柔度增加，分析结果会随积分点数量的增加逐渐向上收敛逼近试验结果[33,34]。但是，对于存在应变软化的不稳定结构，积分点数过多，计算反而变得不稳定，分析结果不可靠[35]。可见，积分点的设置十分重要，需选择合适的数目。对两次试验，采用 Nonlinear Beam Column 单元设置积分点数 np 从 3 ~ 8，分析结果如图 4 – 16 所示，图 4 – 16 中可见，积分点过多，结果反而不稳定，当积分点数 np 取 3 时即可得到稳定的，并且与试验吻合很好的结果。

分析还发现，对于 Beam With Hinges 单元和 Disp Beam Column 单元，积分点从 3 ~ 8 的改变对结果几乎没有影响。

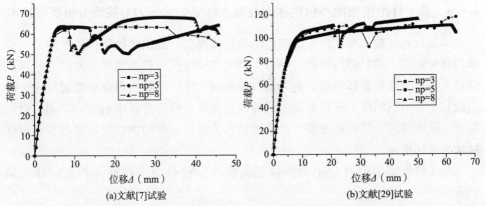

(a)文献[7]试验   (b)文献[29]试验

图 4 – 16   Nonlinear Beam Column 单元积分点数的影响

为了克服采用 Gauss – Lobatto 积分的基于力的梁柱单元对应变软化行为分析的困难，Michael H. Scott 等提出了基于改进的 Gauss – Radau 积分的 Beam With Hinges 单元[25]。从图 4 – 15 的分析结果发现，Beam With Hinges 单元与 Nonlinear Beam Column 单元积分点 np 取 3 时，分析结果很接近，表明这两种单元都能比较准确地反映实际外包钢柱的情况。

4.4.3.5 核心混凝土纤维数量

设置核心混凝土纤维数 NF 从 5 到 20，分析结果见图 4 – 17。图 4 – 17 中可见，混凝土纤维数量对下降段产生影响，纤维数量少时，曲线下降时的位移较大，平台较长。当纤维数量 NF 大于 10 时，分析结果趋向于一致，并能与试验结果吻合较好。

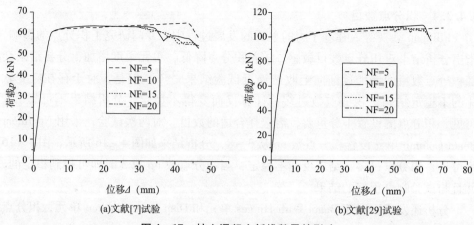

(a)文献[7]试验   (b)文献[29]试验

图 4 – 17   核心混凝土纤维数量的影响

4.4.4 基于纤维模型的外包钢加固混凝土框架结构静力非线性分析实现技术

本章从构件数值模型出发，组建结构整体模型，提出结构整体层次的静力弹塑性分析方法。通过静力弹塑性分析得到的结构荷载位移关系或基底剪力与顶点位移关系反映结构整体性能，此外通过 recorder 对象记录的积分点处混凝土，外包钢和受力主筋的应力获得结构不同部位在推覆全过程分析中的受力状态，得到屈服、截面破坏等结构局部部位的重要信息，根据记录的塑性铰发展过程可得到结构的破坏机制。

基于纤维模型的外包钢加固混凝土框架结构静力非线性分析算例详见第7 章。

4.5   小结

本章以框架结构为对象，研究了框架填充墙的等效弹簧斜撑模型和外包钢对混凝土约束效应的数值模型，提出了外包钢加固柱的数值分析方法，开发和实现了外包钢框架结构整体静力非线性分析方法。本章得出的主要结论有：

（1）结合填充墙的破坏特征，提出了在 SAP2000 中采用 LINK 单元建立填充墙的等效模型并验证了该模型的可行性。采用本文提出的模型可以有效模拟填充墙非线性性能。考虑填充墙影响后，框架结构中塑性铰的出铰顺序，塑性铰的发展情况都会发生改变。

（2）本章利用纤维模型处理混合材料的优势，对外包钢加固混凝土柱进行了数值模拟，分析结果与抗震性能试验结果吻合良好，在构件层次上验证了方法的正确性，在此基础上，构建和实现了基于纤维模型外包钢加固框架结构的静力非线性分析方法。

（3）本章研究表明，不考虑外包钢围套对混凝土的约束作用将不能正确反映加固柱的延性性能，约束混凝土的本构模型关系到分析结果的准确程度。参考配箍对核心混凝土约束效应的分析模型，本章提出将外包钢围套的约束增强作用采用约束指标来考虑，计算模型简单，分析结果合理。

（4）本章建议了实用分析方法。通过设定塑性铰属性，采用 SAP2000 软件分析能得到与纤维模型比较一致的结果，可以适用于工程。本章思路同样可以用于采用混凝土围套加大截面和外包碳纤维或粘钢加固的混凝土框架结构试验模拟和分析中。

参考文献

［1］中华人民共和国建设部. GB50011—2010　建筑抗震设计规范 ［S］. 北京：中国建筑工业出版社，2010.

［2］P. G. Asteris，S. T. Antoniou，D. S. Sophianopoulos, C. Z. Chrysostomou. Mathematical Macromodeling of Infilled Frames：State of the Art ［J］. Journal of Structural Engineering. 2011, 137（12）：9 – 11.

［3］李建辉，薛彦涛，王翠坤. 框架填充墙抗震性能的研究现状与发展 ［J］. 建筑结构. 2011, 41（3）：9 – 11.

［4］Andreas Stavridis, P. B. Shing. Finite – Element Modeling of Nonlinear Behavior of Masonry – Infilled Rc Frames ［J］. Journal of Structural Engineering. 2010, 136（3）：9 – 11.

［5］Applied Technology Council. Fema 445 Next – Generation Performance – Based Seismic Design Guidelines ［R］. Federal Emergency Management Agency, 2006.

［6］FEMA，ASCE. Fema 356 Prestandard and Commentary for the Seismic Rehabilitation of Buildings ［R］. Washington, D. C.：Federal Emergency Management Agency, 2000.

［7］卢亦焱，陈少雄，赵国藩. 外包钢与碳纤维布复合加固钢筋混凝土柱抗震性能试验研究 ［J］. 土木工程学报. 2005, 38（08）：10 – 17.

［8］Y. H. Chai, M. J. N. Priestley, F. Seible. Analytical Model for Steel – Jacketed Rc Circular Bridge Columns ［J］. Journal of Structural　Engineering. 1994, 120（8）：2358 – 2376.

［9］Yan Xiao, Hui Wu. Retrofit of Reinforced Concrete Columns Using Partially Stiffened Steel Jackets ［J］. Journal of Structural　Engineering. 2003, 129（6）：725 – 732.

［10］梁兴文，叶艳霞. 混凝土结构非线性分析 ［M］. 北京：中国建筑工业出版社，2007.

［11］WAEL W. E, MOHAMED E, AHMAD A. H. Three – Strut Model for Concrete Masonry Infilled Steel Frames ［J］. Journal of Structural Engineering. 2003, 129（2）：177 – 185.

［12］陈铁成. 抗震设计中砌体结构小开洞墙侧移刚度计算 ［J］. 工程抗震. 2011（2）：10 – 15.

［13］曾晓明，杨伟军，施楚贤. 砌体受压本构关系模型的研究 ［J］. 四川建筑科学研究. 2001, 27（3）：8 – 11.

［14］刘伟庆，魏琏，丁大钧等. 塑性耗能支撑钢筋混凝土框架的低周反复荷载试验研究 ［J］. 南京建筑工程学院学报. 1996（03）：11 – 18.

［15］邹翀. 复杂截面钢筋混凝土框架结构的非线性分析研究 ［D］. ［博士学位论文］. 上海：同济大学，2004.

［16］童岳生，钱国芳. 砖填充墙钢筋混凝土框架的变形性能及承载能力 ［J］. 西安冶金建筑学院学报. 1985, 17（2）：1 – 21.

［17］李英民，韩军，田启祥. 填充墙对框架结构抗震性能的影响 ［J］. 地震工程与工程振动. 2009, 29（3）：

51 – 58.

[18] J. Enrique Martlnèz – Rueda, A. S. Elnashai. Confined Concrete Model Under Cyclic Load [J]. Materials and Structures. 1997, 30 (4): 139 – 147.

[19] J. B. Mander, M. J. N. Priestley, R. Park. Observed Stress – Strain Behavior of Confined Concrete [J]. Journal of Structural Engineering. 1988, 114 (8): 1827 – 1849.

[20] J. B. Mander, M. J. N. Priestley, R. Park. Theroetical Stress – Strain Model for Confined Concrete [J]. Journal of Structural Engineering. 1988, 114 (8).

[21] Robert Park, M. J. Nigel Priestley, Wayne D. Gill. Ductility of Square – Confined Concrete Columns [J]. Journal of Structural Division. 1982, 108 (ST4): 929 – 950.

[22] B. Nicolo, L. Pani, E. Pozzo. The Increase in Peak Strength and Strain in Confined Concrete for a Wide Range of Strengths and Degrees of Confinement [J]. Materials and Structures. 1997, 30 (3): 87 – 95.

[23] Esneyder Montoya, Frank J. Vecchio, Shamim A. Sheikh. Compression Field Modeling of Confined Concrete Constitutive Models [J]. Journal of Materials in Civil Engineering. 2006, 18 (4): 510 – 517.

[24] Baris Binici. An Analytical Model for Stress – Strain Behavior of Confined Concrete [J]. Engineering Structures. 2005, 27: 1040 – 1051.

[25] 赵彤, 谢剑, 戴自强. 碳纤维布约束混凝土应力 – 应变全曲线的试验研究 [J]. 建筑结构. 2000, 30 (07): 40 – 43.

[26] 周文峰, 黄宗明, 白绍良. 约束混凝土几种有代表性应力 – 应变模型及其比较 [J]. 重庆建筑大学学报. 2003 (04): 122 – 127.

[27] 孙飞飞, 沈祖炎. 箍筋约束混凝土模型比较研究 [J]. 结构工程师. 2005, 21 (01): 27 – 29.

[28] 周文峰, 黄宗明, 白绍良. 低周反复荷载下约束混凝土模型的比较研究 [J]. 重庆建筑大学学报. 2006, 28 (03): 59 – 62.

[29] 刘瑛, 赵金先, 荣强等. 湿式外包钢加固钢筋混凝土柱抗震性能试验研究 [J]. 世界地震工程. 2004, 20 (01): 105 – 111.

[30] 四川省建筑科学研究院. GB 50367 – 2006 混凝土结构加固设计规范 [S]. 北京: 中国建筑工业出版社, 2006.

[31] 中国建筑科学研究院. JGJ 116 – 98 建筑抗震加固技术规程 [S]. 北京: 中国建筑工业出版社, 1998.

[32] 范立础, 李建中, 王君杰. 高架桥梁抗震设计 [M]. 北京: 人民交通出版社, 2001.

[33] Fabio F. Taucer, Enrico Spacone, F. C. FILIPPOU. A Fiber Beam – Column Element for Seismic Response Analysis of Reinforced Concrete Structures [R]. Berkeley: Earthquake Engineering Research Center, University of California, 1991.

[34] Ansgar Neuenhofer, Filip C. Filippou. Geometrically Nonlinear Flexibility – Based Frame Finite Element [J]. Journal of Structural Engineering. 1998, 124 (6): 704 – 711.

[35] Michael H. Scott, Gregory L. Fenves. Plastic Hinge Integration Methods for Force – Based Beam – Column Elements [J]. Journal of Structural Engineering. 2006, 132 (2): 244 – 252.

第5章 配筋砂浆面层加固后复合剪力墙静力非线性分析方法研究

5.1 引言

配筋面层加固是国内外对砌体结构进行抗震加固的最主要方法之一[1]。近年来随着新材料的出现，配筋网片除了传统的钢筋网和钢丝网之外，还有钢丝绳网[2]和钢绞线网，面层砂浆除了传统的水泥砂浆，发展出来了聚合物砂浆、高性能复合砂浆[3,4]，已有许多工程应用实例[5,6]。大量试验研究表明[7]，加固后墙体承载能力和变形能力得到了较大提高。新修订的《建筑抗震加固技术规程》JGJ 116 - 2009[8]中，明确提出的对砌体墙体直接加固方式主要有3种：水泥砂浆和钢筋网水泥砂浆面层加固，钢绞线网 - 聚合物砂浆面层加固和板墙加固；并给出了强度和刚度增强的计算方法。钢绞线网 - 聚合物砂浆加固砌体墙体作为新方法引入了《建筑抗震加固技术规程》，势必对这一技术的应用起到重要推动作用。

两种强度差别较大的材料采用外贴加固时，界面行为对加固后结构的受力性能影响很大。界面行为在 FRP 等复合材料外贴加固中受到广泛关注。界面粘结性能研究以界面剪切试验（单剪或双剪）为主，也有梁式试验[9]。传统的加大截面的加固方法在新旧混凝土之间设置剪力连接件，以保证粘结面不发生剥离破坏。由于高强钢绞线网 - 聚合物砂浆加固层较薄（20~30mm），难以设置剪力连接件，钢绞线网 - 聚合物砂浆加固层与被加固基层通过界面的复杂受力行为共同工作。砂浆层配有高强不锈钢绞线网的剥离破坏与粘钢加固、贴 FRP 布加固虽然具有一定的相似性，但加固层厚度大，加固层与被加固砌体相比，刚度差别较大，粘结面的应力 - 应变关系非常复杂，粘结应变测试与粘钢加固、贴 FRP 布相比，具有很大难度。

应当指出，当前对钢绞线网 - 聚合物砂浆加固技术的界面行为研究不多，而且主要以加固混凝土为研究对象，针对钢绞线网 - 聚合物砂浆与被加固砌体的界面行为研究非常少见。已有的界面行为研究中，黄华等[10]通过 9 个试件的剥离破坏试验，测试了钢绞线网聚合物砂浆加固层与混凝土粘结 - 滑移曲线，并通过ANSYS 有限元程序建立粘结 - 滑移本构方程。黄奕辉研究了 FRP 与砖界面行为[11]，但采用的是对 FRP 与单砖的大面粘结面剪切试验，这种界面本身与砌体外贴 FRP 的加固实际界面情况存在较大差异。

本章通过数字图像相关 DIC（Digital Image Correlation）技术和光纤布拉格光栅 FBG（Fiber Bragg Grating）传感器等精确测试技术和理论分析，研究了钢绞线网－聚合物砂浆与砖砌体界面粘结锚固性能和钢绞线应变发展规律。本章试验研究克服了一般拉拔试验与墙体加固工程实际构件受力不符的缺点，为这种加固方式的锚固设计、钢绞线强度发挥规律及准确计算提供了基础。

在结构整体分析方面，由于砌体结构非线性有限元模拟的复杂性，国内外对砌体墙体进行的有限元分析大多以弹性线性分析为主，已不能满足当前抗震发展的需要。《建筑抗震加固技术规程》中提出的 3 种直接加固方式中，板墙加固的做法实质就是混凝土围套，其设计方法也与混凝土结构类似，另外两种方法则同属于配筋砂浆面层加固范畴。相对板墙加固而言，对配筋砂浆面层加固砌体墙体的理论研究更少，一直缺乏合理的非线性数值分析方法。

本章选取配筋砂浆面层加固砌体墙为研究对象，这种方式加固后砌体和配筋面层形成共同工作的复合（组合）剪力墙，力学模型可抽象为剪力墙抗侧力体系，因而对其进行研究具有代表性。本章在墙体试验数据分析的基础上，结合界面行为试验研究的成果，提出了配筋砂浆面层加固砌体墙结构静力非线性分析方法，开发了实现技术。

5.2　钢绞线网－聚合物砂浆加固砖砌体面内剪切试验研究

本章针对钢绞线网聚合物砂浆的加固方式，进行了面内剪切试验，研究了钢绞线网－聚合物砂浆与砖砌体的界面行为，采用 DIC 技术测试了加固层表面的位移场，采用 FBG 传感器测试了钢绞线应变发展过程，获得了界面粘结锚固性能以及钢绞线应变发展的规律。

5.2.1　试验设计

5.2.1.1　试验目的

通过对加固层与砌体墙体的双面剪切试验，观测加固砂浆层与被加固砌体基层间的粘结滑移及破坏发展过程，研究面内剪切变形时加固层与被加固砌体间的界面粘结锚固性能和粘结滑移性能；通过观测钢绞线应变，获得不同锚固位置的钢绞线应力发展规律。

5.2.1.2　主要试验参数

由于以砖砌体为加固基层的钢绞线网－聚合物砂浆界面行为的研究几乎是空白，材料、几何参数需要进行探索。为考虑不同材料的影响，本章试验选取高强不锈钢钢绞线和镀锌钢绞线两种配筋材料，采用两种配方的聚合物砂浆，采用高强不锈钢钢绞线和镀锌钢绞线两种钢绞线。主要试验参数有：加固层粘贴长度、面层砂浆强度和面层厚度。

5.2.1.3 试件设计

（1）试件材料

墙体采用普通烧结砖，普通混合砂浆砌筑。

聚合砂浆为无机材料，具有 3 个特点：较好的耐久性；高强、早强；施工方便。由于具备以上的特点，砂浆能够很好地保护钢绞线网和被加固结构，加固的厚度也能较薄，一般在 25～35mm 左右。加固层聚合物砂浆分别采用南京某厂家生产的成品聚合物砂浆（聚合物砂浆 1）和北京某厂家提供的聚合物砂浆组分配制而成（聚合物砂浆 2）。聚合物砂浆 2 现场调配的配比为聚合物乳液（504）：砂浆 =1:7。

钢绞线采用 6×7＋IWS 金属股芯的 $\phi^r 3.05$ 进口高强不锈钢钢绞线和天津出厂的镀锌钢绞线，截面面积为 4.45mm^2。

（2）试件尺寸

试件尺寸 240mm×370mm×370mm（厚度×宽度×高度），聚合物砂浆加固面层宽度 150mm，如图 5－1 所示。加固试件照片如图 5－2 所示。

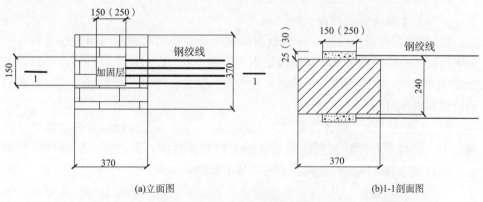

(a)立面图 (b)1-1剖面图

图 5－1 试件尺寸（单位：mm）

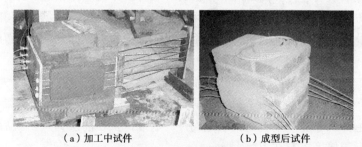

（a）加工中试件 （b）成型后试件

图 5－2 试件照片

采用正交设计，取 3 因素 2 水平的 L4 - 2 - 3 表头进行试验设计，按不锈钢钢绞线、镀锌钢绞线分为 2 组，每组试验试件参数如表 5 - 1，共计 23 个试件。

加固面层粘结锚固试件参数　　　　　　　　　　　表 5 - 1

试验组号	试件编号	聚合物砂浆品种	加固层长度（mm）	加固层厚度（mm）
I （不锈钢钢绞线）	S3A25	1	150	25
	S3B30	1	250	30
	S4A30	2	150	30
	S4B25	2	250	25
II （镀锌钢绞线）	Z3A25	1	150	25
	Z3B30	1	250	30
	Z4A30	2	150	30
	Z4B25	2	250	25

（3）试件制作

墙体采用丁顺相间，错缝搭砌，尽量保证试件之间的同一性。

待砌体达到一定强度后，根据钢绞线网 - 聚合物砂浆加固施工方法的要求[8]，按照下面步骤进行面层加固。

1）钢绞线布设及拉直。首先根据试件设计的要求对钢绞线网进行下料，然后采用特制的螺栓和卡具将钢绞线锚固于砖砌体上。在对钢绞线进行张拉时，由于砌体加固时一般没有对钢绞线建立预应力的要求，所以在张拉钢绞线时只要将钢绞线调直即可。

2）清洗施工面。墙体表面有灰尘的存在，会降低聚合物砂浆和墙体之间的粘结力，影响聚合物砂浆面层和墙体的共同工作性能。因此在张拉钢绞线结束后，用自来水对墙体进行冲洗，除去墙体表面的灰尘杂质。

3）涂抹界面剂。为了保证聚合物砂浆和墙体之间的粘结良好，需要在被加固砖砌体基层表面进行界面处理。根据实际聚合物砂浆应用情况，本章采用两种界面处理方式：对于南京产成品聚合物砂浆，采用水泥浆类粘结剂的 JK300 界面剂；对于北京产现场调配的聚合物砂浆，采用聚合物类界面剂的配比为界面剂乳液（702）：水泥：中砂 =1：2：1。

4）聚合物砂浆抹面。为保证加固层厚度的一致性，加工了厚度为 25mm 和 30mm 的两种不锈钢钢模用于抹面。聚合物砂浆抹面在界面处理后随即开始施工，第一遍抹灰厚度基本覆盖钢绞线网片，后续抹灰在前次抹灰初凝后进行，后续抹灰的分层厚度控制在 10～15mm。

5）养护。聚合物砂浆施工完毕 6 小时内，进行可靠保湿养护，养护时间大于 7 天。

5.2.1.4 材性参数与分析

在砌体砌筑和面层加固时留置砖，砌筑砂浆和聚合物砂浆试块。墙体试验前，进行砖强度、砂浆（包括砌筑砂浆和面层聚合物砂浆）强度，聚合物砂浆弹性模量、钢绞线弹性模量和抗拉强度等材性试验。已有研究表明[12,13]，渗透性聚合物砂浆抗渗性好，耐久性好，耐酸、耐氯离子侵蚀，强度高，可与中高强混凝土相当。本次试验砖块材、砌筑砂浆和加固聚合物砂浆的实测强度列于表 5－2。

试验材料抗压强度（MPa） 表 5－2

组数	砖	砌筑砂浆	聚合物砂浆 1	聚合物砂浆 2
抗压强度（MPa）	7.18	7.8	46.3	51.03

清华大学试验研究表明[12]，高强不锈钢绞线初始阶段应力发挥比钢筋要慢，这是由于钢绞线由 6 根螺旋形小股钢绞线和一根直线形芯线小股钢绞线捻制成，拉伸过程中，外面 6 根螺旋形钢绞线有一个伸直变形的过程，因而有一个应变快速增加而应力增加缓慢的过程，然后进入快速发展阶段，应力应变增长速度相仿，没有明显的屈服阶段和强化阶段。《混凝土结构加固设计规范》中提供了钢绞线抗拉强度标准值和设计值，见表 5－3，规范还列出了不锈钢绞线和镀锌钢绞线的弹性模量设计值分别为 105GPa 和 130GPa。根据厂家提供的数据，不锈钢绞线极限抗拉强度 1870MPa，镀锌钢绞线极限抗拉强度 1929MPa，弹性模量 E_1 为 134 GPa，材性试验中光纤光栅测量 E_1 的结果为 141GPa。实测聚合物砂浆弹性模量为 32.5GPa。

加固规范[2]中钢绞线抗拉强度值（MPa） 表 5－3

种类	高强不锈钢绞线			镀锌钢绞线		
	公称直径（mm）	抗拉强度标准值	抗拉强度设计值	公称直径（mm）	抗拉强度标准值	抗拉强度设计值
6×7+IWS	2.4~4.0	1800	1100	2.5~4.5	1650	1050
		1700	1050		1560	1000

5.2.1.5 量测方案

（1）量测装置

1）FBG 传感器测量钢绞线应变

FBG 传感器是利用光纤的紫外敏感特性（外界入射光子和纤芯内锗离子相互作用引起折射率的永久性变化），在光纤的一段范围内沿光纤轴向使纤芯折射率发生周期性变化而形成的芯内体光栅（FBG），其长度一般为 1cm 左右。

　　FBG 传感器粘贴布设如图 5－3 所示。本章试验采用 PI06 型 FBG 传感网络分析仪（如图 5－4 所示）进行钢绞线 FBG 传感器的数据采集。

图 5－3　光纤光栅的粘贴布设图　　　　　图 5－4　光纤光栅网络分析仪

　　2）DIC 技术测量表面位移场

　　普通的应变位移测试技术，如应变片等，均采用单点测量，测量得到的只是一些离散值，并且传感器等本身会给被测物体带来附加质量或局部补强，改变了物体的固有应变响应特性。DIC 技术能克服普通应变位移测试技术的不足，具有全场性、非接触、光路相对简单、测量视场可以调节、不需要光学干涉条纹处理、可适用的测试对象范围广、对测量环境无特别要求、灵敏度较高和直观可视等突出的优点，是近年来发展较快的测试技术之一[14,15]。

　　为观察加固层表面位移演化过程，本章采用 DIC 技术测量加固面层侧面及界面周围砖砌体基层的位移场。需要指出的是，目前还没有采用 DIC 技术研究配筋砂浆界面行为的报道，因此本章对 DIC 技术的引入，可以为类似研究提供参考。DIC 设备（图 5－5）主要由电荷耦合器件图像传感器 CCD（Charge Coupled Device）和相应软件组成。

(a)CCD　　　　　　　　　　　　　　(b)配套软件

图 5－5　DIC 设备

3）其他量测装置

设置力传感器配合 YJ28A－P10R 型应变仪量测钢绞线总拉力（即两侧总的界面剪切力）；通过 TDS303 数据采集仪记录砂浆应变；采用位移计测加载端和滑移端位移。

（2）量测内容及测点布置

聚合物砂浆面层应变采用混凝土电阻式应变片测量。在加固层砂浆侧面贴标距 10mm 应变片，量测的砂浆应变作为对 DIC 技术分析位移场的校核。应变测点如图 5－7 所示。

钢绞线应变的准确量测一直以来是试验难点，加之本试验加固所用的钢绞线的型号为 6×7＋IWS，直径只有 3.05mm，难以采用常规的应变片来测量钢绞线应变，因此本章采用了光纤光栅技术来测量钢绞线应变。在钢绞线上布置 FBG 传感器量测应变（图 5－8），加固层内 2 个 FBG 测得的应变与对应位置加固层表面应变（由位移场分析得到）相互对比。

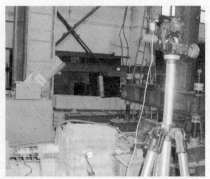

图 5－6　DIC 测试现场

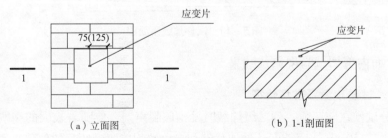

（a）立面图　　　　　　　　　　（b）1-1 剖面图

图 5－7　砂浆应变测点图（单位：mm）

在每级加载时，采用位移计量测加固层在加载端和自由端的滑移量，如图 5－9 所示，同时记录力传感器的读数。采用数字图像相关技术测量加固砂浆顶面、侧面位移场以及靠近加固层处砌体位移场。

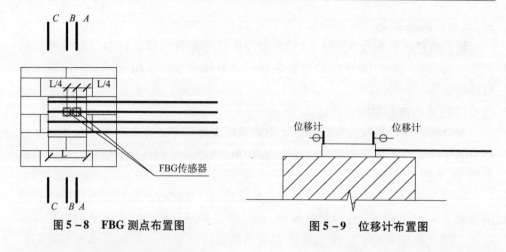

图 5-8　FBG 测点布置图　　　　　图 5-9　位移计布置图

5.2.1.6　试验加载方法

采用 30T ENERPAC RCH302 拉拔式油压千斤顶如图 5-10 所示进行加载。加载时使千斤顶、力传感器对中以避免转动的影响。采用混合加载控制，先以荷载控制，按每级 1kN 加载，待加载端钢绞线达到 0.2mm 位移时，改用加载端位移控制，每级加载 0.1mm。

试验前，对所选用的各种量测仪器进行标定和调试。构件就位后，根据加载要求布置好千斤顶、位移计、应变采集仪、FBG 解调仪以及数字图像相关等设备。在试验前进行预加载，以检验各种仪器是否能够正常工作。试验过程中，除了前面量测记录外，同时记录试验过程中的现象，拍摄试验照片。

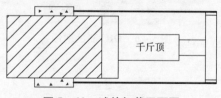

图 5-10　试件加载平面图

5.2.2　面内剪切试验现象及结果

5.2.2.1　试验现象及破坏特征

部分试件在破坏前一到二级加载时发出破裂声响，伴随着较大的声响，剥离破坏发生。150mm 加固长度试件加载端和自由端均能测到明显的位移，左右两侧加固面中，位移发展较快的一侧最终成为破坏面，从加载前期量测到的位移大小可以较准确地预测破坏面将发生在哪一侧。250mm 加固长度试件加载端位移很小，自由端位移不明显，破坏更具脆性，没有明显征兆。黄华等[16] 在对混凝土加固试验加载过程中，观察到沿粘结界面出现一条和界面平行的裂缝，从加载端向自由端发展，并最终将整个加固层连同界面下部分混凝土一起剥离下来。本章试验中基层为砖砌体，加固层相对基层更刚，破坏更具脆性，试验中未能观察到这种界面裂缝。

试件破坏形式分为两种：破坏发生在界面的界面剥离破坏和钢绞线拉断破坏。界面破坏照片如图5-11所示。剥离破坏试件中当砖块材表面强度较低时，破坏界面发生在砖表面（图5-11b），剥离下来的加固层上带有撕裂下来的砖表面。对砌体结构加固，钢绞线间距无需太密，本章试验中，由于钢绞线数量不多，部分试件发生钢绞线被拉断的破坏。对这些试件采用锤击并仔细观察，发现它们均具有聚合物砂浆渗透性很好，基层砌体表面强度较高的特征。试验过程中，局部试件当钢绞线受力特别不均匀时，出现了单根钢绞线被拉断的现象。

试验中除一个试件外其余试件钢绞线均锚固可靠，未出现钢绞线从加固的聚合物砂浆层中拔出的现象。即使在个别钢绞线受力非常不均匀的试件中，单根钢绞线受力过大出现断丝破坏，钢绞线锚固状态依然完好。表明钢绞线由于特殊螺旋表面而具有很高的粘结锚固性能。试验中一个试件出现了钢绞线被拔出的锚固破坏，经查对试件制作时的记录，是由于在试件制作阶段聚合物砂浆强度很低时，拉动了钢绞线从而影响了锚固性能。试验表明采用钢绞线聚合物砂浆加固方法，在面层做好后砂浆强度未发展到一定程度时，不能扰动钢绞线，以免由于钢绞线表面特殊螺旋外形对锚固性能造成很大的损坏。

（a）沿粘结面破坏　　　　　　（b）沿粘结面及局部砖砌体表面破坏

图5-11　界面破坏

5.2.2.2　试验结果

应当说明，由于本章试验要求比较精细，而众所周知砌体原材料以及砌筑和加固施工很难控制，试验中存在不可避免的偏差。

（1）破坏荷载

两组试验发现，采用聚合物砂浆1的试件发生剥离破坏，破坏荷载低，而采用聚合物砂浆2的试件发生钢绞线拉断的破坏，破坏荷载高（见表5-4和表5-5）。破坏形式与聚合物砂浆品种、界面剂以及砂浆强度等因素有关。两组试验破坏荷载对比如图 5 – 12 所示，可见采用不锈钢绞线和镀锌钢绞线的破坏荷载明显不同，采用不锈钢绞线的破坏荷载均高于镀锌钢绞线，可能与不锈钢绞线表面和外形特征，锚固传力等性质有关，具体原因有待进一步研究。

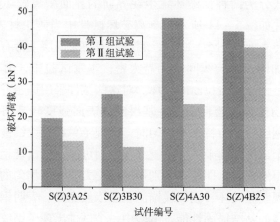

图 5 – 12   两组试验破坏荷载对比图

（2）加固层侧面位移场

为验证 DIC 技术测量结果的可靠性，将 DIC 技术测得试件加载后表面位移场与多个试件加载端、自由端机械式百分比记录的位移比较，发现 DIC 技术与百分表量测的位移值差别仅为 1/100mm 的数量级，表明本次试验中 DIC 技术的量测精度可靠。试验发现，DIC 的位移结果中包含了试件发生的整体刚体位移，如果能在试验中消除试件整体位移，则采用 DIC 技术能获得稳定的试验结果。

本章试验得到的钢绞线拉断破坏（S3A25 试件）和剥离破坏（S3B30 试件）加固层位移场演化过程分别如图 5 – 13 所示。图 5 – 13 中可见，尽管位移梯度很小，DIC 技术仍能很好地将其反映出来，表明 DIC 技术能很好地捕捉全场位移，具有较高的精度。对比两种破坏模式下加固层侧面位移场的演化过程，发现二者的规律十分相似，位移随荷载增长而增长，临近破坏时与位移稳定发展时位移场的分布没有发生重大改变，只是临近破坏时位移等值线更加平滑一些，表明位移场分布形式比较稳定；在靠近加载端附近位移梯度较大，大于远离加载端部位的位移梯度。需要注意的是，由于剥离破坏之前的位移场分布没有明显的改变，因此对这种脆性剥离破坏发生的时机难以预测。

以 S3A25 试件为例，取图 5 – 8 中 A、B、C 三个横截面，将钢绞线拉断破坏试件沿加载方向的位移绘于图 5 – 14。图 5 – 14 中可见，三个横截面处位移规律明显：三个截面处位移的走势大致平行，位移分布接近线性，离开界面后加固面层上的位移有逐渐增大的趋势；沿横向位移梯度很小（最大位移差小于2/100mm），B、C截面的位移非常接近，与A截面的位移有较小差别（1/1000mm数量级）。在距界面约6mm、12.5mm和15mm的加固层纵向取截面D、E、F，将沿加载方向位移绘于图5-15。可以看到，与横向不同截面类似，纵向不同截面处位移分布也具有明显的规律，各截面位移分布走势大致平行，总的位移梯度较小，纵向位移可用多项式较好地进行拟合。从拟合的位移曲线可以看到，从加载端向自由端方向，曲线的切线模量逐渐变小，经过一个零点后，在靠近自由端处，切线模量反号。

通过250mm长试件侧面布设的应变片，测得应变在加载初期发展到一定大小，此后随着荷载增加发生小幅波动，应变值变化不大。说明加固层存在有效锚固长度，增加的荷载都在有效锚固长度内吸收，超过该长度后对加固层的粘结锚固作用不大。剪应力变化剧烈的区域集中在从加载端开始的125mm长度以内。发生钢绞线拉断破坏时加固层侧面砂浆实测应变值约为剥离破坏时的3倍，试验中发现可以通过加载初期测得的应变大小来判断即将发生的破坏类型。

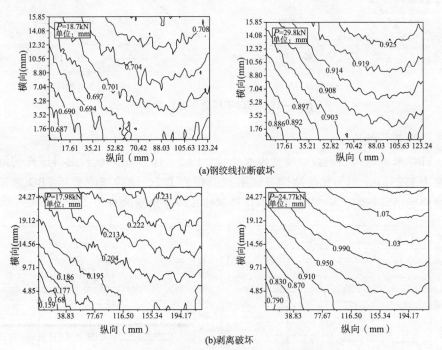

(a)钢绞线拉断破坏

(b)剥离破坏

图5-13　加固层侧面位移场演化过程等值线图

91

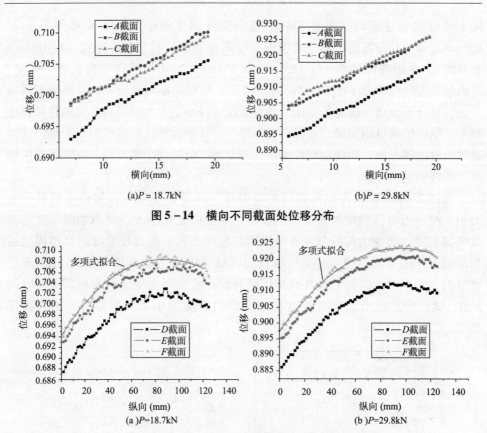

(a)$P = 18.7$kN　　　　　　　　(b)$P = 29.8$kN

图 5 - 14　横向不同截面处位移分布

(a)$P=18.7$kN　　　　　　　　(b)$P=29.8$kN

图 5 - 15　纵向不同截面处位移分布

（3）钢绞线应变

FBG 采集的典型钢绞线应变发展曲线如图 5 - 16 所示。试验测得试件的最大应变为 1125με，约为加载端钢绞线平均应变的 1/5。试验证明采用 FBG 测量钢绞线应变是可行的，能解决这种小直径钢绞线应变量测的难题。

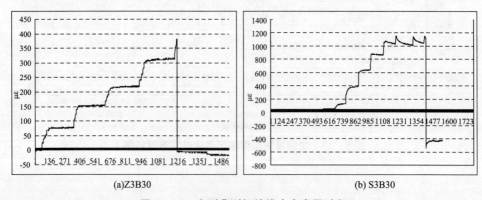

(a)Z3B30　　　　　　　　　　(b) S3B30

图 5 - 16　实测典型钢绞线应变发展过程

5.2.3 试验分析

5.2.3.1 破坏机理分析

对比已有聚合物砂浆加固层与混凝土基层的推剪试验[12,17]发现,荷载直接作用在砂浆层的推剪试验,粘结面相互错动时,粗糙表面的机械咬合力和摩擦力发挥了很大作用;而本章试验荷载通过钢绞线传递,粘结面发生部分剥离后,已发生剥离的界面之间形成较大间隙,有效粘结面积减小,粘结面之间的机械咬合力和摩擦力丧失,加之钢绞线受力不均匀,垂直于加固层方向不可避免地受拉分力,加载时对中偏差引起加固层的转动等因素的影响,使得承载力降低。

对新旧混凝土粘结性能的研究[18~20]认为,新旧混凝土是由范德华力、机械咬合力、化学作用力等形成粘结。对其中以何种力为主,研究者各有见解,未能达成共识。有学者认为新老混凝土界面粘结力同集料－水泥界面一样主要来源于范德华力,而机械咬合力以及化学作用力存在的几率非常少;文献[18]认为一般情况下机械咬合力起主导作用,同时认为范德华力和化学作用力在某些情况下,还将起到显著的作用。

新旧混凝土破坏模式主要有三种:沿粘结面破坏、沿粘结面在老混凝土一侧发生破坏、沿粘结面在新混凝土一侧发生破坏。与之类比,本章试验中,由于砖砌体的强度低、耐久性损伤劣化及粘结面的处理好坏等因素,大部分试件按第一种模式即沿粘结面破坏,部分试件按第二种模式发生局部在砖砌体一侧的破坏,导致了剥离荷载和滑移量的差异,未出现第三种即沿粘结面在聚合物砂浆层的破坏模式。

5.2.3.2 影响因素分析

（1）极差分析

本章对选取的聚合物砂浆强度、加固层长度和加固层厚度三个主要影响因素进行研究,极差分析结果见表5-4和表5-5。对于Ⅰ、Ⅱ两组试验,极差分析具有一致性,均表现为:聚合物砂浆强度对破坏荷载的影响最大,加固层厚度有一定的影响,加固层长度的影响较小。

第Ⅰ组试验结果极差分析 表5-4

所在列	1	2	3	试验结果（kN）
因素	砂浆强度（MPa）	加固层长度（mm）	加固层厚度（mm）	
试验1	1	1	1	19.6
试验2	1	2	2	26.52
试验3	2	1	2	48.26（钢绞线拉断）

所在列	1	2	3	试验结果（kN）
因素	砂浆强度（MPa）	加固层长度（mm）	加固层厚度（mm）	
试验 4	2	2	1	44.29（钢绞线拉断）
均值 1	23.060	33.930	31.945	
均值 2	46.275	35.405	37.390	
极差	23.215	1.475	5.445	

第 Ⅱ 组试验结果极差分析　　　　　表 5-5

所在列	1	2	3	试验结果（kN）
因素	砂浆强度（MPa）	加固层长度（mm）	加固层厚度（mm）	
试验 1	1	1	1	13.13
试验 2	1	2	2	11.41
试验 3	2	1	2	23.71（钢绞线拉断）
试验 4	2	2	1	39.89（钢绞线拉断）
均值 1	12.270	18.420	26.510	
均值 2	31.800	25.650	17.560	
极差	19.530	7.230	8.950	

（2）方差分析

对 F 分布表采用 0.01、0.05 和 0.1 等不同水平进行了方差分析，第 Ⅰ 组试验结果方差分析见表 5-6，面层聚合物砂浆强度的影响显著，加固层厚度和长度影响不明显。第 Ⅱ 组试验结果方差分析发现三个因素的影响均不显著，可能与砌体试验的离散性较大，聚合物砂浆强度两个水平差距较小等原因有关。需要指出的是：采用配筋砂浆面层加固砖砌体，界面粗糙度、勾缝、砖块材强度、砌筑砂浆强度、受力方向（沿水平灰缝方向或沿竖向灰缝方向）、钢绞线直径等等因素都会对界面行为产生重要影响。由于篇幅有限，本次研究未能考虑这些因素的影响。

第 Ⅰ 组试验结果方差分析　　　　　表 5-6

因素	偏差平方和	自由度	F 比	F 临界值	显著性
砂浆强度（MPa）	538.936	1	247.673	161.000	*
加固层长度（mm）	2.176	1	1.000	161.000	
加固层厚度（mm）	29.648	1	13.625	161.000	
误差	2.18	1			

5.2.4 聚合物砂浆加固层粘结锚固性能研究

5.2.4.1 剥离强度

本章重点关注剥离破坏，将试验测得典型剥离破坏试件的剥离荷载和名义剪切强度（剥离荷载与粘结面面积的比值）列于表 5-7。表中实测剥离荷载有一定的离散性，其中粘结长度较长（250mm）的试件离散性更大，这与砌体试件原材料、砌筑、加固等方面不可避免的差异和测试方法有关。

通过本章的试验设计，能方便地获得破坏时加载端钢绞线的平均最大应力。150mm 长加固层试件中剥离荷载位于中间值的是 Z3A25 试件，由其剥离荷载可得到发生剥离时钢绞线平均应力为 369MPa，只达到钢绞线设计强度的 35% 左右。

5.2.4.2 有效锚固长度

在 FRP 片材和粘钢加固中形成了所谓"有效锚固长度 L_e"的结论[21]：认为加固层长度 L_m 小于 L_e，则剥离承载力会随着加固层长度的增加而提高；加固层长度大于 L_e，则继续增加加固层长度将不能继续提高剥离承载力。与之类似，本章试验发现随加固层长度增加，粘结强度开始增大幅度很大，而后增幅降低，甚至不再增加。表 5-7 中可见，粘结长度 250mm（粘结面积 37500mm^2）试件的名义剪切强度明显小于粘结长度 150mm（粘结面积 22500mm^2）的试件，表明粘结长度不是越长越好，存在有效粘结长度，超出有效粘结长度部分对加固层的粘结锚固作用不大。有效长度应当介于 150～250mm 之间。

名义剪切强度试验值　　　　　　　　　　　　　　　　　　表 5-7

试件编号	粘结面面积（mm^2）	剥离荷载（kN）	名义剪切强度（MPa）	备注
S3A25	22500	19.6	0.436	聚合物砂浆 1
Z4A30	22500	10.86	0.241	聚合物砂浆 1
Z3B30	37500	11.41	0.135	聚合物砂浆 1
Z3A25	22500	13.13	0.292	聚合物砂浆 1
S3B30	37500	26.52	0.353	聚合物砂浆 1
Z4B25	37500	17.22	0.230	聚合物砂浆 1

5.2.4.3 聚合物砂浆加固层与砖砌体基层粘结锚固性能

去除加载初期不合理数据影响后，无量纲化的荷载－加固层滑移典型曲线如图 5-17 所示，可见剥离破坏与钢绞线达到极限强度的断裂破坏曲线具有明显不同的特点。从图 5-17（a）中平均曲线可以看出，尽管存在离散性，一般加固层滑移曲线有两个阶段：初始刚度较大的阶段然后经过转折进入到类似屈服后强化的阶段直到突然脆性剥离破坏。图 5-17（b）中曲线向上凸，表现为经过一段随荷载增加滑移稳定发展的阶段后，刚度逐渐变大进入强化阶段直到突然断裂。图 5 - 17 揭示了钢绞线网 - 聚合物砂浆界面行为的一个重要特点：当发生界面剥离破坏时，荷载 - 滑移关系将发生重大改变。对于剥离破坏的平均曲线，可以采用下面的多项式很好地进行拟合：

$$y = 0.22359 + 1.63188x - 3.58355x^2 + 6.43418x^3 - 5.69271x^4 + 1.98661x^5 \quad (5-1)$$

式中：$y = P/P_{\max}$；$x = S/S_{\max}$；P 为剥离荷载；S 为平均滑移值。

试验实测的剥离荷载和滑移量具有离散性，特别是由于砌体表面粗糙度和砖表面强度差异很大，滑移量的变化范围较大。实测剥离荷载 P 的范围为 11.41 ~ 19.6kN，平均相对滑移量变化范围为 0.04 ~ 0.41mm。

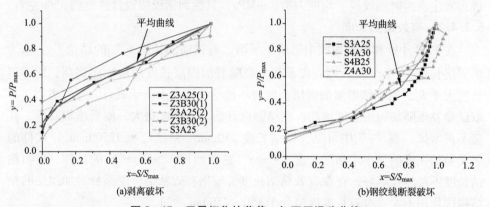

(a)剥离破坏　　　　　　　　　　　(b)钢绞线断裂破坏

图 5 - 17　无量纲化的荷载 - 加固层滑移曲线

5.2.5　钢绞线应力发展规律研究

图 5 - 18 中给出了无量纲化后的钢绞线应变发展的典型曲线，图 5 - 18 中可见，钢绞线应力发展规律与两种破坏形式没有明显关系，而是由钢绞线所在位置决定。本章研究中设计了两种钢绞线 FBG 粘贴位置，图 5 - 18 中可以发现相应的钢绞线应力大致呈两种曲线发展：靠近加载端处（简称加载近端），钢绞线应力发展曲线非常接近，大致按直线发展；离加载端较远处（简称加载远端）钢绞线应力发展分为两个阶段，钢绞线应力先随荷载增加缓慢增长，这一阶段各试件荷载 - 应变曲线几乎重合，经过类似于屈服的转折后，钢绞线的应力随荷载的增加接近线性增长，这一阶段各试件荷载 - 应变曲线基本平行（S3A25 试件中钢绞线应力按加载远端的规律发展，可能与试件制作时 FBG 位置发生偏离，远离了加载端有关）。图 5 - 18 中 Z4B25 试件钢绞线应力发展的两个阶段中，第一阶段钢绞线应力先随荷载增加缓慢增长，该曲线与加载远端钢绞线应力曲线重合，第二阶段中钢绞线应力接近直线增长，大致与接近直线的加载近端钢绞线应力增长曲线平行。可见 Z4B25 试件钢绞线应力发展介于加载近端和加载远端之间，当

属它们之间的过渡情况。前已述及，有效粘结区域随荷载增加可能由加载端向自由端方向发展，本章试验为这种发展趋势提供了很好的证明。此外，图中还可发现，钢绞线应力在荷载增加到一定程度后才产生，表明界面粘结剪力的传递具有一定长度，也即需要一定长度才能逐步向自由端方向，为钢绞线建立起应力。实测剥离破坏时钢绞线应变范围约为：（192～310）$\mu\varepsilon$（加载近端），（850～1069）$\mu\varepsilon$（加载远端）。

不同位置钢绞线应力的发展趋势不同，表明沿着受力方向在不同位置界面剪应力具有不同的大小，即剪应力分布受位置影响，这与钢筋粘结滑移研究中得出的粘结应力与锚固位置具有函数关系的结论[22, 23]类似。

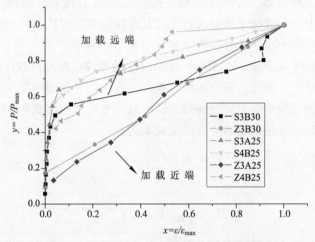

图 5-18 无量纲化的荷载 - 钢绞线应变曲线

5.3 配筋面层加固后复合剪力墙的数值模型研究

5.3.1 钢筋网水泥砂浆面层加固砌体墙体的受力特点

朱伯龙等通过试验[24]，认为用配筋面层加固后可能改变原墙的破坏模式，还指出采用光圆钢筋与砂浆薄层握裹强度不高，可能在钢筋屈服前后，由于粘结力下降而产生较大的滑移。李明[25]在对试验破坏形态分析时指出，当砂浆面层厚度较大时，由于抗剪能力增强，导致沿墙底薄弱截面的弯曲破坏率先发生，本书作者认为这应当是破坏模式发生改变的原因。许多试验研究表明[26, 27]，试件的破坏形态受竖向压力、面层厚度、单双面加固等参数的影响，加固后砌体墙体的抗侧力由砌体、加固砂浆层和配筋网片三部分共同承担，整个受力过程中竖向配筋的应变较小，对加固后结构的贡献相对较小，在承载力计算时需采用钢筋工作条件系数进行折减[27]。

5.3.2　砌体受压本构关系的研究

在研究混凝土本构关系时，由于混凝土在材料组成上的特点，常用的均质性、连续性、各向同性等分析假设均难以与其较好地符合，试图建立一个能够概括混凝土各种本构现象的本构模型非常困难。因此，针对具体结构构件性能，寻找与具体问题相应本构模型已成为当前本构模型研究的一条重要途径，并因此有可能获得高效实用化的模型。对于砌体结构的本构关系研究应当也遵循同样的途径。

国内外已提出十余种砌体受压应力－应变曲线的表达式，归纳起来其主要类型有：直线型、对数型、多项式型和根式型等[28]。有代表性的应力应变全曲线有分段直线、上升曲线接下降分段直线以及连续曲线等形式。

Krishna 等[29]通过对沿水平灰缝和垂直水平灰缝循环受压砌体试件的试验，研究了低强（砖平均强度 13.1MPa）烧结黏土砖砌体在循环荷载作用下骨架包络线，公共点和稳定点曲线。研究表明，循环荷载作用下，砌体受压应力应变骨架包络曲线与单调加载的应力应变曲线近似一致，平均峰值应变 0.0061。当加载方向与灰缝垂直时，无量纲化的应力应变关系为：

$$\sigma = \beta \frac{\varepsilon}{\alpha} e^{1-(\varepsilon/\alpha)} \tag{5-2}$$

或者：

$$\ln \frac{\sigma}{\varepsilon} = \left[\ln(\frac{\beta}{\alpha}) + 1 \right] - \frac{\varepsilon}{\alpha} \tag{5-3}$$

式中：σ 和 ε 均为通过峰值应力和峰值应变进行无量纲化的值；$\alpha = 0.85\beta + 0.15$；$\beta$ 为常数，对包络曲线 β 取 1。

对于强度较高的灰砂砖砌体，Milad[30]等提出了类似的应力应变关系表达式。Lidia[31]等在上式的基础上改进，提出了指数函数形式的本构模型：

$$\sigma = \varepsilon e^{\alpha(1-\varepsilon)} \tag{5-4}$$

式中：α 为非线性指标，对上升段和下降段可分别取不同值。当 $\alpha = 0$ 时，表示线弹性本构关系；当 $0 < \alpha < 1$ 时，应变随应力单调增加直到破坏，只具备上升段；当 $\alpha \leqslant 1$ 时，能反映试验曲线中的软化段。

Madan 等[32]提出的连续曲线表达式为：

$$\begin{cases} \sigma = \dfrac{\sigma_{max}(\dfrac{\varepsilon}{\varepsilon_0})\gamma}{\gamma - 1 + (\dfrac{\varepsilon}{\varepsilon_0})^\gamma} \\[4mm] \gamma = \dfrac{E_m}{E_m - E_{sec}} \end{cases} \tag{5-5}$$

式中 E_m——砌体初始弹性模量；

E_{sec}——峰值点割线模量。

朱伯龙对上升段也提出了与上式相似的公式。需要特别指出的是，上式的形式与前面 Thorenfeldt 曲线的混凝土受压本构模型一致。

Powell 等[28]、Kaushik 等[33]和刘桂秋等[34]均提出了上升段为抛物线，下降段为一直线的本构关系模式，则与常见 Hognestad 混凝土受压本构关系[35]一致。Kaushik 模型中只需要给定两个参数：块体和砂浆的抗压强度。对于 Powell 模型，刘桂秋等建议 $\varepsilon_u = 1.6\varepsilon_0$。此外，还有研究表明[33]，采用修正的 Kent – Park 本构模型能很好地预测砌体应力应变曲线。

分析已有的砌体受压本构模型发现，砌体受压应力应变全曲线与混凝土曲线十分相似[28]。因此，本章认为对于砌体结构，可以通过由实际砌体材料修正特征点参数后，按混凝土本构模型定义砌体受压应力应变关系。

必须指出，受到平面内荷载作用下的砌体墙体处于复杂应力状态，如在平面内循环荷载作用下，砌体内部不同部位处于循环双轴应力状态[36,37]。以往包括剪压研究等对砌体双轴受力的研究，关注的是承载力和破坏准则，研究变形性能的不多[28,36,37]。

由于影响砌体变形性能的因素很多，砌体的峰值应变 ε_0 和极限压应变 ε_u 变异性很大。国外有试验[38]测得受压黏土砖砌体的 ε_0 为 0.0033，ε_u 为 0.0052，新西兰砌体设计规范对无筋砌体取 ε_0 为 0.002，对配有横向约束钢筋的砌体取 ε_u 为 0.006，四川建筑科学研究院根据烧结普通砖砌体的试验结果规定 ε_0 取 0.0038[39]。Kaushik 通过对试验数据的回归分析，建议采用下式计算砌体峰值应变[33]：

$$\varepsilon_0 = C_j \frac{f_m}{E_m^{0.7}} \qquad (5-6)$$

式中：$C_j = \dfrac{0.27}{f_j^{0.25}}$；$f_m$ 为砌体抗压强度（MPa）；f_j 为砂浆抗压强度（MPa）；E_m 为砌体弹性模量（MPa）。

国内外关于砌体受拉本构关系的研究不多。由于砌体抗拉强度很低，类似混凝土，砌体受拉开裂以前可以看作弹性材料，对于开裂后的应变软化行为，Ali 等建议采用下降直线的简化模式[40]。

5.3.3　面层砂浆的建模方案

显而易见，面层砂浆增加了抗剪面积，因而可提高墙体抗震能力。黄忠邦通过对混水墙的水平加载试验[7]，指出水泥砂浆面层加固砖墙后，一般可比原砖墙的抗剪能力提高约 1 倍。可见，不考虑砂浆面层的作用显然不合理，而且砂浆面层的作用可能不仅仅只是增加抗剪面积。

参考已有的承载力计算研究，对砂浆面层的模型可以按 2 种方案考虑：①将砌体、加固砂浆面层分别考虑，按约束作用考虑砂浆面层对夹心砌体受力性能的影响。由于砂浆性能不同，砂浆面层约束作用区别普通砂浆和聚合物砂浆作为两种不同材料考虑。②按砂浆面层加固后形成的组合砌体作为整体抗侧力构件加以考虑。将砂浆面层与夹心砌体作为组合砌体按整体考虑的方案，上升段（弹性阶段）可以根据结构刚度对分析参数进行校准，进入非线性阶段后影响的因素多，而结构非线性阶段恰恰为抗震性能研究所重点考察和关注，与此有关的组合砌体的分析参数值得研究。限于篇幅，本书对第 1 种方案进行讨论。

5.4　钢筋网水泥砂浆面层加固砌体墙体静力非线性分析方法及其实现技术

5.4.1　材料参数

（1）面层砂浆本构关系

由于砂浆常用于非结构用途，即使是在砌体结构中，砂浆也只是作为砌体整体组成部分而不作为结构材料单独考虑，对砂浆本构关系的研究不多，可供参考的应力应变本构模型很少。

对于普通水泥砂浆，从常留红和钱晓倩等的水泥砂浆受压试验[41, 42]可见，砂浆受压应力应变曲线与混凝土应力应变曲线相似，可以采用已有混凝土本构模型进行模拟，砂浆峰值应变 ε_0 在 0.0021 ~ 0.0025 左右。同济大学试验[43]得到的砂浆峰值应变 ε_0 在 0.0014 ~ 0.0021，极限应变 ε_u 在 0.003 以上。当砂浆的棱柱体抗压强度为 1.3 ~ 6MPa 时，对应于 40% 极限强度处的（割线）弹性模量为 2.8 ~ 4.1GPa[44]。

（2）砌体本构关系

砌体采用前述 Madan 提出的连续曲线模型[28]，其中砌体初始弹性模量 E_m 按施楚贤[34]对砖砌体建议公式 $E_m = 370 f_m \sqrt{f_m}$ 计算；无实测砌体抗压强度值时，砌体抗压强度按现行规范[45]公式 $f_m = k_1 f_1^\alpha (1 + 0.07 f_2) k_2$ 计算，峰值应变 ε_0 按前面 Kaushik 公式计算。由于配筋面层对裂缝开展的抑制作用，近似认为砌体在剪压作用下的双轴应力状态仍服从第 3 章中混凝土应力软化规律，应力软化系数 β 的表达式与前述相同。为简化起见，受拉骨架曲线仍采用第 3 章的上升直线接下降曲线的形式。

（3）钢筋本构模型

钢筋采用带有各向同性应变硬化的 Giuffré – Menegotto – Pinto 本构模型。

5.4.2　截面分析模型

本节数值模拟分析当中，将砌体、加固砂浆面层分别考虑。配筋砂浆面层加固墙体实际上是组合结构，截面由砂浆层、配筋网片和夹心砌体组成。采用纤维条带的截面模型可以非常方便地对这种组合截面进行建模，下文中对试验研究模型的截面如图 5-19 所示。实际工程中，由于纵横墙相连，墙体分析模型往往是两端带有翼缘，截面划分时，除了将端头翼缘和腹板墙体划分为不同条带外，其余仍与图 5-19 类似。

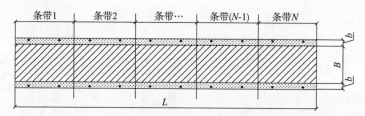

图 5-19　钢筋网砂浆面层加固砌体墙体建模示意图

5.4.3　钢筋网水泥砂浆面层加固砌体墙体静力非线性分析方法的验证

清华大学李明[25]对低强度砂浆砖砌体采用钢筋网水泥砂浆加固方法进行了试验研究，试件的尺寸（高×宽×厚）为 1300mm×1300mm×240mm，剪跨比均为 0.92，砌筑砖均为 MU10，砌筑砂浆强度较低（0.51～1.27MPa），加固面层钢筋网直径 6mm，间距 300mm，钢筋屈服强度 f_y 为 373MPa，试验参数为竖向荷载、面层厚度、单双面加固。在施加竖向荷载后，通过双向往复循环水平加载。限于篇幅，选取 w-s3-1 试件进行数值模拟，该试件双面加固，面层厚度 30mm，竖向力 300kN，实测面层砂浆和砌体抗压强度分别为 7.77MPa 和 3.5MPa。建模时竖向单元数取 7，经试算，砌体峰值应变 ε_0 取 0.0028～0.003 时，荷载位移分析曲线与试验骨架曲线符合地较好，见图 5-20（a）。观察图中荷载位移曲线，在上升段时基本吻合，反映本章分析方法对这种加固墙体的初始刚度、初裂转折、屈服转折等关键参数能比较准确地模拟，分析得到的极限强度稍微偏低，下降段刚度对峰值应变比较敏感。

西安建筑科技大学苏三庆等[46]通过普通砖墙及用钢丝网水泥砂浆抹面加固的砖墙（夹板墙）在低周反复荷载作用下的试验研究，分析了用夹板墙加固砖墙的效果及抗震性能。其中 SRM-1 试件高×宽×厚为 750mm×1500mm×240mm，采用 MU8 砖，砌筑砂浆强度 1.181MPa，双面加固厚度 30mm，面层砂浆强度 5.65MPa，钢筋网 φ6@200，钢筋屈服强度 f_y 为 304.2MPa。竖向荷载 σ_0 为 0.35MPa。模型参数取与前面 w-s3-1 试件一样，经试算调整后分析得到的荷载位移曲线与试验骨架曲线比较如图 5－20（b）所示。文献中未提供砖和砌体的实测抗压强度，分析中的砌体抗压强度采用规范公式按砌筑砂浆和砖块体强度（取平均值 8MPa）计算，由于砌体结构数据离散程度较大，计算的材料参数与实际材料的误差，导致分析结果在开裂后与试验存在一定偏差。但分析得到的荷载位移曲线能反应总体趋势，初始刚度和下降段刚度与试验符合地较好。

　　综合两次不同试验的数值模拟结果，表明本节提出的对配筋面层砂浆加固砌体墙体的静力非线性分析方法是合理可靠的，如能以实际材料参数作为输入数据，可以得到比较准确的数值分析结果。

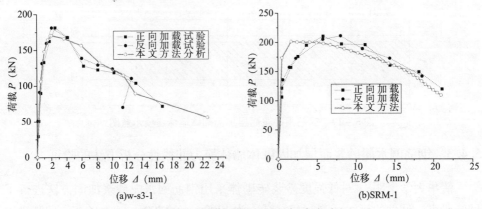

(a)w-s3-1　　　　　　　　(b)SRM-1

图 5－20　数值模拟分析结果与试验对比

5.4.4　参数研究

　　由于 w－s3－1 试件试验提供了比较全面的砌体材料实测数据，下面以该试件为例进行参数敏感性分析和数值试验。

5.4.4.1　材料参数

　　（1）砌体受压峰值应变 ε_0

　　在常见砌体受压峰值应变范围内，取不同峰值应变分析结果如图 5－21 所示。图中可见，荷载位移曲线的下降段对峰值应变 ε_0 比较敏感，从而也影响结构延性的计算结果，随着峰值应变的增大，下降段刚度变大，结构延性增加。砌体结构试验数据离散性较大，配筋面层对夹心砌体产生的约束作用，都会对峰值应变产生影响，如何合理确定受压峰值应变值得进一步研究。

　　（2）面层砂浆受压峰值应变 ε_{02}

　　砂浆受压峰值应变的试验数据不多，而且与砌体类似，数据较离散。取砂浆受压峰值应变 ε_{02} 为 0.0014～0.0025，分析得到的荷载位移曲线如图 5－22 所示。可见，分析结果对面层砂浆的峰值应变取值并不敏感。

　　（3）面层砂浆抗拉强度 f_{cr2}

按 Belarbi 等[47]提出的混凝土抗拉强度计算公式 $f_{cr} = 0.31 \sqrt{f'_c}$ 近似计算面层砂浆抗拉强度约为 0.86MPa，按混凝土公式 $f_t = 0.26 f_{cu}^{¾}$ [35] 计算面层砂浆抗拉强度约为 1.02MPa。取面层砂浆抗拉强度 f_{cr2} 为 0.7 ~ 1.3 计算的荷载位移曲线如图 5 – 23 所示，图 5 – 23 中可以看到，各曲线即使是在上升段差别也很小，墙体初裂转折点对面层砂浆抗拉强度不敏感。

（4）砌体抗拉强度 f_{cr}

砌体是非匀质、各向异性材料，轴心受拉、沿齿缝抗剪等强度都不一样。按规范轴心受拉强度公式 $f_{t,m} = k_3 \sqrt{f_2}$ 计算的砌体抗拉强度 f_{cr} 为 0.12MPa，按规范主拉应力强度（沿齿缝抗剪强度）公式 $f_{v,m} = k_5 \sqrt{f_2}$ 计算的 f_{cr} 为 0.11MPa，按前述 Belarbi 混凝土公式计算的 f_{cr} 为 0.58MPa，需要说明，规范两个公式完全与砂浆强度有关，w – s3 – 1 试件砌筑砂浆强度很低导致 f_{cr} 计算值偏低。变化砌体抗拉强度为 0.11 ~ 0.58MPa，分析的荷载位移曲线结果如图 5 – 24 所示。可见，墙体初裂转折点主要受砌体抗拉强度的控制，并进而对极限承载力产生影响。从与试验结果的符合程度来看，抗拉强度 f_{cr} 采用 Belarbi 公式计算是可行的，甚至在此基础上还可适当提高，这一点与试验墙体开裂时的应力远大于其抗剪强度值的试验现象[48]相符。

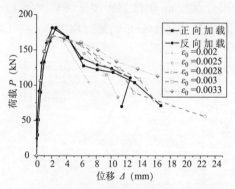

图 5 – 21 砌体受压峰值应变 ε_0 的影响

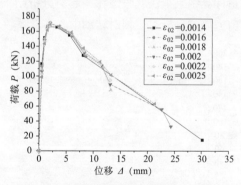

图 5 – 22 面层砂浆受压峰值应变 ε_{02} 的影响

5.4.4.2 面层加强的数值试验

将面层砂浆厚度加厚到 40mm，同时将抹面砂浆强度由 7.77MPa 提高到 13.4MPa，数值模拟的荷载位移曲线如图 5 – 25 所示。面层由 30mm 加厚到 40mm 后，加固效果不太明显，与试验分析中指出的面层加厚后由于抗剪能力增加，弯曲破坏先于剪切破坏发生，导致极限承载力提高不大的结果是一致的，证明采用配筋面层加固时，面层与砌体有协调匹配问题，面层过度加强可能对结构加固效果并不显著。另需指出，面层砂浆厚度 40mm，抹面砂浆强度提高到 13.4MPa 后与试件 w – s4 – 2 情况相似，分析结果也与此试件试验结果基本符合。

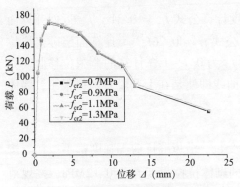

图 5 - 23　面层砂浆抗拉强度 f_{cr2} 的影响

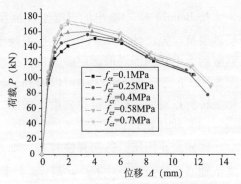

图 5 - 24　砌体抗拉强度 f_{cr} 的影响

5.4.4.3　模型参数

设定单元数为 3 ~ 11，分析得到的荷载位移曲线如图 5 - 26 所示。图 5 - 26 反映了单元数对下降段刚度的影响趋势，随着单元数增加（不小于 7 时），下降段趋于一致，这与第 3 章混凝土剪力墙的情况类似，但对于加固砌体墙体表现出对单元数更加敏感。因此，为避免计算结果失真，单元数不能太少。

分析发现，截面纤维条带数过少会使荷载位移曲线下降段变刚，而增加条带数量计算结果很快就收敛在一起。分析结果对积分点数 np 的敏感程度低于对混凝土剪力墙的分析时，相对转动中心高度系数 C 取 0.3 ~ 0.5 对分析结果影响很小。

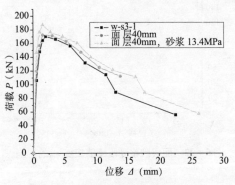

图 5 - 25　加强面层的数值试验结果

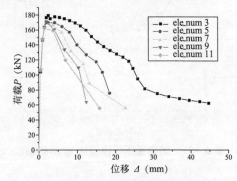

图 5 - 26　单元数的影响

5.5　钢绞线网 - 聚合物砂浆加固砖墙静力非线性分析方法及其实现技术

5.5.1　高强钢绞线网 - 聚合物砂浆加固砖墙抗震性能的试验研究

作者所在课题组对钢绞线网 - 聚合物砂浆在框架节点和低强砖砌体墙加固方

面开展了系统的试验研究[49, 50]，获得了大量第一手数据。本章选取其中典型试件为研究对象，建立静力非线性分析模型。

5.5.1.1 试验概况

试验以历史建筑为背景，采用历史建筑原型砖（拆除下来的青砖），研究与低强砂浆形成的低强砌体采用高强钢绞线网－聚合物砂浆加固后的抗震性能。试件的尺寸分为 3000mm（长）×1500mm（高）×240mm（厚）和 1800mm（长）×900mm（高）×240mm（厚）两种，面层砂浆厚度 25mm。试件个数为 8 个，编号为 S1～S8，包括 2 个未加固的对比试件。试验参数主要有不同的钢绞线布置方式（钢绞线用量、钢绞线集中布置和满铺布置的变化），以及单面双面加固方式。试件 S5、S6 和 S8 立面如图 5－27 所示。

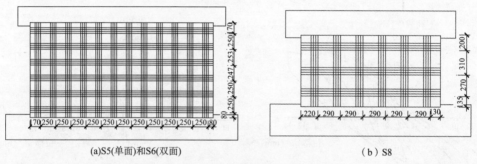

(a)S5(单面)和S6(双面)　　　　　　　　　（b）S8

图 5－27　加固试件立面图（单位：mm）

砖和砂浆实测强度值见表 5－8。高强钢绞线的型号为 6×7＋IWS，截面面积为 4.45mm²，极限抗拉强度 1870MPa，根据厂家提供的数据，弹性模量 E_1 为 134 GPa，材性试验中光纤光栅测量的结果为 $E_1 = 141$ GPa。

竖向荷载通过液压千斤顶作用于墙体顶梁，一次性加载至预定值，使墙体受到的正压力约为 0.35MPa。水平反复荷载通过 MTS 电液伺服加载器施加，加载采用力、位移混合控制方法，墙体屈服前采用力控制，屈服后采用位移控制。试验量测的内容有：采用位移计测量墙体顶部的位移，电阻应变片测量聚合物砂浆面层的应变，采用光纤光栅测量高强钢绞线的应变。

砖和砂浆实测平均抗压强度值　　　　　　　　　　　　　表 5－8

材料	砌筑砂浆	面层聚合物砂浆	砖
抗压强度（MPa）	1.1	30.8	12

5.5.1.2　钢绞线网－聚合物砂浆加固砌体墙体的受力特点

8 片墙体的破坏模式均为剪切破坏。其中试件 S6 和 S8 滞回曲线和骨架曲线如图 5－28 所示。与对比试件相比，单面加固试件破坏时有延性破坏的特征。当处于荷载极限状态时，试件仍能够承受荷载而并不是立刻破坏，试件的裂缝条数增加很多，但主裂缝宽度明显小很多，约为 1 ~ 3mm；双面加固试件，破坏时表现出了很好的延性破坏特征，主裂缝经历逐步产生和发展的过程，最后墙面出现大量的斜向裂缝，宽度约在 1mm 以下，在试件即将处于位移极限状态时，试件的加固面层开始出现剥离并出现脱落，承载下降至极限荷载的 85%，试验停止。从试件的骨架曲线上可以看到这些特征：加固后试件的骨架曲线在荷载达到峰值后进入一个长而平缓的下降段，说明加固试件有良好的延性和抗震性能。

　　通过光纤光栅技术测量钢绞线的应变表明，直到墙体破坏，钢绞线的应变都比较低，应力发挥小，远低于其极限强度，可能与加固层剥离或存在局部剥离情况有关。

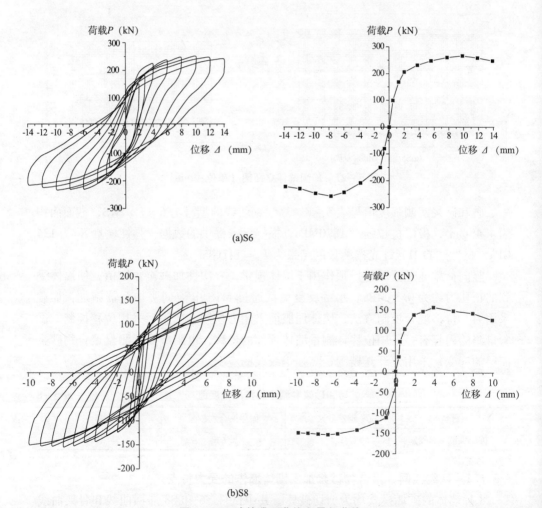

(a)S6

(b)S8

图 5 - 28　试件滞回曲线和骨架曲线

5.5.2 砌体和聚合物砂浆的本构关系模型

由于聚合物砂浆具有较高的抗拉抗压强度以及弹性模量与砌体的差异，聚合物砂浆面层对夹心砌体形成约束作用，改善了砌体的变形性能。因此，如何合理考虑聚合物砂浆和夹心砌体的本构关系，是模拟分析聚合物砂浆面层加固砌体墙体的抗侧力性能，特别是准确获得非线性阶段抗侧力性能的关键。

考虑到加固的砌体强度很低，经过多次试算，结合已有的对砌体结构非线性有限元分析研究[44, 51]，对砌体不考虑受拉作用，受压采用二次曲线接直线的 Kent－Park 本构关系。

聚合物水泥砂浆本构关系的研究报道比较少见。已有的研究表明[42]，聚合物砂浆不但具有优良的粘结性能和良好的耐久性，随着聚醋酸乙烯的掺入，砂浆的轴压强度和弹性模量显著下降，但极限应变却明显增大，聚合物的掺加能有效地改善变形力学性能（峰值应变增加 20% ~ 34%）。对于聚合物砂浆面层，后面的参数研究中对比分析了两种材料本构模型的影响。

5.5.3 钢绞线网－聚合物砂浆加固砖墙静力非线性分析方法的验证

5.5.3.1 不考虑界面剥离行为的分析结果

选取如图 5 – 29 所示的 S6 和 S8 试件进行静力非线性推覆分析。S6 和 S8 均为双面加固，两种试件尺寸（具有不同剪跨比）和钢绞线布筋形式均不同。对 S6 试件采用 12 个 MVLEM 单元，对 S8 试件采用 7 个单元建模。砌体强度和砂浆面层抗拉强度等其他材料参数按前述对普通水泥砂浆面层加固墙体中讨论的方法取得。对砌体采用不考虑受拉作用的 Kent – Park 受压本构关系，面层聚合物砂浆采用第 3 章中混凝土 Thorenfeldt 曲线本构模型。S6 和 S8 试件分析得到的荷载位移曲线如图 5 – 29 所示。图 5 – 29 中可见，在进入大变形发展以前，分析结果基本能反映试验总的趋势，对于 S8 试件，顶点位移强度在 5mm 以前，分析得到的荷载位移曲线与实际情况比较接近。注意到如果不考虑加固墙体的特点，试验曲线在峰值后出现负刚度的下降段，而分析曲线得不到下降段，在弹塑性发展阶段的数值结果将逐渐与试验偏离，存在很大的偏差。

应当说明，砌体结构原材料以及施工因素对砌体强度和几何尺寸的影响，带来结构性能的大离散性，同时夹心墙体强度对加固墙体的破坏形态和破坏模式产生重要影响，出于这些原因，使得砌体结构非线性分析十分困难。分析中发现，分析结果对材料参数比较敏感，表现出离散性较大，规律性不强。这应该与砌体结构材性的离散性大，砌体材料参数难以准确获得等因素有关。

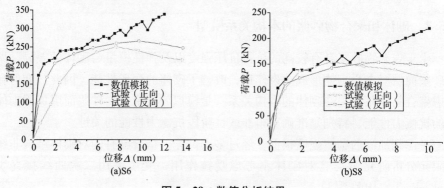

图 5 – 29　数值分析结果

5.5.3.2　考虑界面剥离行为的分析结果

前面试验表明，砌体（砖）强度较低时，容易发生砖表面撕裂的剥离破坏，而剥离破坏时，钢绞线网－聚合物砂浆加固砌体面层中钢绞线的强度不能充分发挥。数值分析时必须要考虑界面行为的影响，使这一试验现象得到反映。为此，本章在钢绞线本构模型中将屈服强度取为 35% 设计强度，计算得到该章中 S6 和 S8 试件的荷载位移骨架曲线如图 5 – 30 所示。对比不考虑局部剥离影响的数值分析结果发现，通过限制钢绞线应力，复合墙体进入弹塑性发展阶段后，荷载位移曲线出现下降段，总体趋势与试验符合。因此，合理考虑局部界面剥离引起的钢绞线应力水平降低是非线性分析准确的关键，通过考虑局部剥离后钢绞线应力降低，采用本章分析方法能得到比较合理的数值模拟结果。两个不同试件的模拟分析表明，钢绞线应力取设计强度的 35% 左右进行分析比较合理。

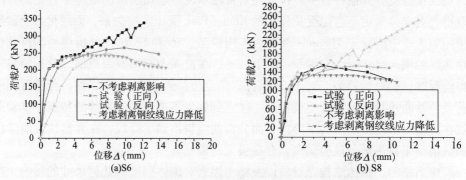

图 5 – 30　考虑局部剥离钢绞线应力降低的数值结果

5.5.4　材料参数研究

试算发现，面层聚合物砂浆的抗拉强度、受拉峰值应变、砌体受压峰值应变等因素对分析结果有一定影响。由于聚合物砂浆面层加固方式的材料模型研究很少，前面已经对普通砂浆面层加固墙体的模型参数进行了研究，因此，下面对聚合物砂浆面层材料本构模型的影响进行分析。

试算结果表明，直接采用前面普通砂浆面层加固墙体的分析方法计算聚合物砂浆面层加固墙体，结果与实际差别很大，必须从材料上考虑两种加固方式的差异。为此，本节对比了2种本构模型的影响，其中第1种为第5章混凝土剪力墙中采用的Thorenfeldt曲线模型，第2种为考虑受拉线性软化，受压采用Kent-Park本构关系的模型，采用2种本构模型分析结果如图5-31所示。可见，面层聚合物砂浆本构模型对分析结果影响很大。综合对两个试件的分析，采用第2种材料本构模型对墙体初始刚度模拟较好，而采用第1种材料本构模型在进入大变形发展以前，分析结果能反映试验总的趋势，强度和刚度与实际情况比较接近。

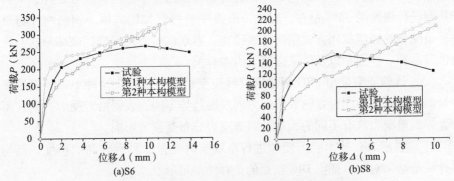

图5-31　面层砂浆本构模型对分析结果的影响

5.5.5　考虑界面剥离行为对静力非线性分析模型的修正研究

假定150mm长试件界面剪切强度得到充分发挥，本次试验由剥离荷载计算的钢绞线平均应力的上下限分别为551MPa和305MPa。将钢绞线屈服强度取为这两个应力值，进行静力非线性分析，得到荷载位移曲线如图5-32所示。可见，在弹塑性阶段，按本章试验的剥离破坏时钢绞线应力上下限值进行数值分析的结果能将试验结果包络在内，分析表明对于发生局部剥离的加固墙体，需正确考虑钢绞线应力降低的因素才能获得准确的弹塑性分析结果。

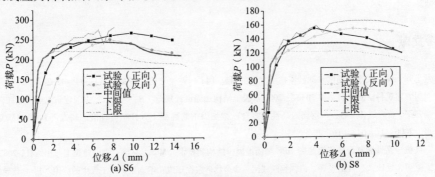

图5-32　考虑钢绞线应力上下限值的数值分析结果

5.6　小结

本章进行了面内剪切试验，研究了钢绞线网 – 聚合物砂浆与砖砌体的界面行为；在墙体试验数据分析的基础上，结合界面行为试验研究的成果，以配筋砂浆面层加固砌体墙为对象，提出了静力非线性分析方法，开发了实现技术，得到的主要结论如下：

（1）采用钢绞线网 – 聚合物砂浆加固砌体墙体时，特别是当被加固砌体强度较低时，可能发生界面剥离破坏，此时钢绞线强度不能得到充分发挥，大约只能达到设计强度的 35% 左右，因此，低强配筋材料如钢丝网、钢筋网片与聚合物砂浆配合的面层加固方式值得开展研究。本章试验研究发现，破坏形式与聚合物砂浆品种、界面剂以及砂浆强度等因素有关。

（2）试验证明采用 FBG 测量钢绞线应变可行，能解决这种小直径钢绞线应变量测的难题。不同位置钢绞线应力的发展趋势不同，表明沿着受力方向在不同位置界面剪应力具有不同的大小，即剪应力分布受位置影响。

（3）利用 DIC 技术能方便地进行全场实时测量，具有较高的精度，经与位移计测量结果对比，证明 DIC 获得的位移结果可靠。

（4）本章数值模型中，夹心墙体强度对加固墙体的破坏形态和破坏模式产生重要影响，因此，对夹心砌体和面层聚合物砂浆材料本构模型的选取是对聚合物砂浆面层加固砌体墙体分析的关键。本章提出对砌体采用不考虑受拉作用的Kent – Park 受压本构关系，面层聚合物砂浆采用混凝土的 Thorenfeldt 曲线本构模型，经与试验结果对比，证明比较合理。

（5）对于可能发生的界面剥离破坏，数值分析时必须要考虑界面行为的影响。通过考虑局部剥离后钢绞线应力降低，采用本章的静力非线性分析，可以获得具有下降段的荷载位移曲线，总体趋势与试验符合。

参考文献

[1] 黄忠邦. 国外关于钢筋网水泥砂浆抗震加固的研究［J］. 建筑结构. 1994（05）：44 – 47.

[2] 四川省建筑科学研究院. GB 50367 – 2006 混凝土结构加固设计规范［S］. 北京：中国建筑工业出版社，2006.

[3] 尚守平，蒋隆敏，张毛心. 钢筋网高性能复合砂浆加固钢筋混凝土方柱抗震性能的研究［J］. 建筑结构学报. 2006，27（04）：16 – 22.

[4] 卜良桃. 高性能复合砂浆钢筋网 HPF 加固混凝土结构新技术［M］. 北京：中国建筑工业出版社，2007.

[5] 王亚勇，姚秋来，巩正光等. 高强钢绞线网 – 聚合物砂浆在郑成功纪念馆加固工程中的应用［J］. 建筑结构. 2005，35（08）：41 – 42.

［6］黄莹，张小冬，张冬梅等．钢绞线－聚合物砂浆加固技术研究进展［C］．见：第十四届全国混凝土及预应力混凝土学术会议论文．长沙：2007.

［7］黄忠邦．水泥砂浆及钢筋网水泥砂浆面层加固砖砌体试验［J］．天津大学学报．1994, 27（06）：764－770.

［8］中国建筑科学研究院．JGJ 116－2009 建筑抗震加固技术规程［S］．北京：中国建筑工业出版社，2009.

［9］郭樟根，孙伟民，闵珍．FRP与混凝土界面粘结性能的试验研究［J］．南京工业大学学报．2006, 28（6）：38－42.

［10］黄华，刘伯权，刘卫铎．高强钢绞线网－聚合物砂浆加固层粘结滑移［J］．长安大学学报（自然科学版）．2009, 29（05）：71－75.

［11］黄奕辉．FRP与砖界面行为及其应用研究［D］：［博士学位论文］．华侨大学，2008.

［12］曹俊．高强不锈钢绞线网－聚合砂浆粘结锚固性能的试验研究［D］：［硕十学位论文］．清华大学，2005.

［13］黄华．高强钢绞线网－聚合物砂浆加固钢筋混凝土梁式桥试验研究与机理分析［D］：［博士学位论文］．长安大学，2009.

［14］孟利波．数字散斑相关方法的研究和应用［D］：［博士学位论文］．清华大学，2005.

［15］王怀文，亢一澜，谢和平．数字散斑相关方法与应用研究进展［J］．力学进展西安建筑科技大学学报（自然科学版）．2005, 35（2）：195－203.

［16］黄华，刘伯权，刘卫铎．高强钢绞线网－聚合物砂浆加固层剥离破坏研究［J］．公路交通科技．2009, 26（05）：59－63.

［17］黄华，刘伯权，刘卫铎．聚合物砂浆与混凝土抗剪粘结性能研究［J］．工业建筑．2009, 39（04）：103－104.

［18］谢慧才，李庚英，熊光晶．新老混凝土界面粘结力形成机理［J］．硅酸盐通报．2003（3）：7－11.

［19］田稳岑，赵国藩．新老混凝土的粘结机理初探［J］．河北理工学院学报．1998, 20（2）：78－82.

［20］谢慧才，李庚英，熊光晶．混凝土修补界面的微观结构及与宏观力学性能的关系［J］．混凝土．1999（6）：13－18.

［21］陆新征．FRP－混凝土界面行为研究［D］：［博士学位论文］．清华大学，2004.

［22］张伟平，张誉．锈胀开裂后钢筋混凝土粘结滑移本构关系研究［J］．土木工程学报．2001, 34（05）：40－44.

［23］金伟良，赵羽习．随不同位置变化的钢筋与混凝土的粘结本构关系［J］．浙江大学学报（工学版）．2002, 36（01）：1－6.

［24］朱伯龙，吴明舜，蒋志贤．砖墙用钢筋网水泥砂浆面层加固的抗震能力研究［J］．地震工程与工程振动．1984, 4（01）：70－81.

［25］李明．钢筋网水泥砂浆加固低强度砖砌体的试验研究［D］：［硕士学位论文］．北京：清华大学，2003.

［26］许清风，江欢成，朱雷等．钢筋网水泥砂浆加固旧砖墙的试验研究［J］．土木工程学报．2009（04）.

［27］北京市建筑设计院．砖混结构抗震试验报告汇编［M］．北京：1978.

［28］施楚贤，钱义良，吴明舜等．砌体结构理论与设计［M］．北京：中国建筑工业出版社，2003.

［29］Krishna Naraine, Sachchidanand Sinha. Behavior of Brick Masonry Under Cyclic Compressive Loading［J］. Journal of Structural Engineering. 1989, 115（6）：1432－1445.

［30］Milad M. AlShebani, S. N. Sinha. Stress－Strain Characteristics of Brick Masonry under Uniaxial Cyclic Loading［J］. Journal of Structural Engineering. 1999, 125（6）：600－604.

［31］Mondola Lidia La, Influence of Nonlinear Constitutive Law on Masonry Pier Stability［J］. Journal of Structural Engineering. 1997, 123（10）：1303－1311.

［32］A. Madan, A. M. Reinhorn, J. B. Mander, R. E. Valles. Modeling of Masonry Infill Panels for Structural Analysis［J］. Journal of Structural Engineering. 1997, 123（10）：1295－1302.

［33］Hemant B. Kaushik, Durgesh C. Rai, Sudhir K. Jain. Stress－Strain Characteristics of Clay Brick Masonry under U-

111

niaxial Compression ［J］. Journal of Materials in Civil Engineering. 2007, 19 （9）: 728 – 739.

［34］刘桂秋, 施楚贤, 刘一彪. 砌体及砌体材料弹性模量取值的研究 ［J］. 湖南大学学报（自然科学版）. 2008, 35 （04）: 29 – 32.

［35］过镇海, 时旭东. 钢筋混凝土原理和分析 ［M］. 北京: 清华大学出版社, 2003.

［36］Krishna Naraine, Sachchidanand Sinha. Cyclic Behavior of Brick Masonry under Biaxial Compression ［J］. Journal of Structural Engineering. 1991, 117 （5）: 1336 – 1355.

［37］Milad M. Alshebani, S. N. Sinha. Stress – Strain Characteristics of Brick Masonry under Cyclic Biaxial Compression ［J］. Journal of Structural Engineering. 2000, 126 （9）: 1004 – 1007.

［38］刘桂秋. 砌体结构基本受力性能的研究 ［D］: ［博士学位论文］. 长沙: 湖南大学, 2005.

［39］王庆霖. 砌体结构 ［M］. 北京: 中国建筑工业出版社, 1995.

［40］ALi S. S, Adrian W. P. Finite element model for masonry subject to concentrated loads ［J］. Journal of Structural Engineering. 1988, 114 （8）: 1761 – 1784.

［41］常留红, 陈建康. 单轴压缩下水泥砂浆本构关系的试验研究 ［J］. 水利学报. 2007, 38 （02）: 217 – 220.

［42］钱晓倩, 詹树林. 聚合物水泥砂浆的力学性能 ［J］. 材料科学与工程. 2000, 18 （04）: 35 – 38.

［43］朱伯龙. 砌体结构设计原理 ［M］. 上海: 同济大学出版社, 1991.

［44］李英民, 韩军, 刘立平. ANSYS 在砌体结构非线性有限元分析中的应用研究 ［J］. 重庆建筑大学学报. 2006, 28 （05）: 90 – 96.

［45］中华人民共和国建设部. GB 50003 – 2001　砌体结构设计规范 ［S］. 北京: 中国建筑工业出版社, 2002.

［46］苏三庆, 丰定国, 王清敏. 用钢筋网水泥砂浆抹面加固砖墙的抗震性能试验研究 ［J］. 西安建筑科技大学学报（自然科学版）. 1998, 30 （03）: 228 – 232.

［47］H. Belarbi, T. C. C. Hsu. Constitutive Laws of Concrete in Tension and Reinforcing Bars Stiffened by Concrete ［J］. ACI Structural Journal. 1994, 91 （4）: 465 – 474.

［48］金伟良, 徐铨彪, 潘金龙等. 不同构造措施混凝土空心小型砌块墙体的抗侧力性能试验研究 ［J］. 建筑结构学报. 2001, 22 （6）: 64 – 72.

［49］曹忠民. 高强钢绞线 – 聚合物砂浆加固梁柱节点的试验研究 ［D］: ［博士学位论文］. 南京: 东南大学, 2007.

［50］杨建平. 高强钢绞线 – 聚合物砂浆加固低强度砖墙的试验研究与应用 ［D］: ［硕士学位论文］. 南京: 东南大学, 2009.

［51］徐铨彪, 金伟良, 余祖国等. 混凝土小型空心砌块墙体非线性有限元分析 ［J］. 浙江大学学报（工学版）. 2005, 39 （06）: 863 – 868.

第6章　基于 MIDA 的既有建筑结构抗震性能评价方法及性态评价方法体系

6.1　引言

随着性态抗震理论的深入研究，增量动力分析（Incremental dynamic analysis，IDA）方法是近年发展出来的极具前景的方法。IDA 方法是一种用于评价结构抗震性能的动力参数分析方法，最早是由 Bertero[1] 提出，后经 Cornell[2] 等学者的研究与应用，并被 FEMA350[3]、FEMA351[4] 采用作为评估结构整体抗倒塌能力的一种方法。IDA 方法应用的主要障碍之一是计算量巨大，因此，寻求简化方法是近年来重要的研究方向，其中基于模态推覆的增量动力分析 MIDA（MPA - Based IDA）[5,6] 方法的突出特点是通过对 SDOF 体系进行非线性动力分析，能非常有效地降低 IDA 的计算量，因而在基于 IDA 方法的发展中有着独特的优势。然而由于该方法提出时间不长，还处在探索研究阶段，已有的少量研究主要以钢框架结构为研究对象[6]，关于混凝土结构中 MIDA 方法的研究文献非常少见，MIDA 方法在加固改造后结构的应用研究更属于亟待填补的空白，值得深入研究。

目前，国内外学者对于新建工程基于性态（能）的抗震理论和方法进行了多方面的研究，而以基于性态抗震思想为指导，对基于性态抗震框架进行拓展，针对既有结构改造的研究却很少，值得进一步研究。

本章首先研究了地震动记录选取对增量动力分析结果的影响，通过总结 MPA 方法理论基础，研究了滞回模型对模态推覆分析结果的影响，分析了 IDA 方法对既有建筑结构的适用性，提出了通过 MIDA 方法实现静力非线性模型和动力非线性分析融合的思路，开发了实现技术；归纳总结了针对既有结构损伤特点的性态抗震评价方法，引入国际上基于性态抗震的抗震思想，为定量进行既有建筑结构的弹塑性抗震性能评估提供参考。

6.2　地震动记录选取对增量动力分析结果的影响研究

通过 IDA 曲线可以反映出所需要的结构在遇到地震时的抗倒塌能力、结构性能

变化过程等。但目前对于增量动力分析法的地震动选取还没有明确的规定。我国
《建筑抗震设计规范》规定时程分析法选取地震波时，地震影响系数曲线应与振型
分解反应谱法所采用的地震影响系数曲线在统计意义上相符。实际工程分析中地震
波记录的选择存在随意性，如果地震动的选择未能很好地考虑场地的特性，同一建
筑结构即使是在相同幅值下，对应于不同的地震记录得到的计算结果差异也很大。

　　本章以地震波的特征周期与建筑场地卓越周期接近的原则选取地震波，选取
4 组各 8 条地震动记录作为输入，通过分析 IDA 曲线结果，进行地震动记录选取
对增量动力分析结果的影响分析。

6.2.1　基于增量动力分析的结构抗震性能评价方法

　　增量动力分析方法是将单一的时程分析扩展为增量时程分析，因此又被称为
"动力推覆分析"。IDA 方法的基本思路为：向结构模型输入一条或多条地震动记
录，每一条都通过调整系数 SF（Scale Factor）调整到不同的地震动强度，进行
时程分析后产生一条或多条参数损伤指标 DM（Damage Measures）和地震动强度
水平 IM（Intensity Measures）之间的曲线，最后通过这些曲线的性态来评估结构
的整体抗震性能。

　　单独对于一条地震记录的 IDA 曲线，体系特性和地震动特征之间的动力相互
作用非常敏感。然而，分位数（16%、50% 和 84%）IDA 曲线却相当稳定，能
较好地提供结构体系反应的中间趋势（中值）和离散性等方面的信息[7]。

　　增量动力分析方法的步骤如下[8]：

　　（1）选择若干条地震动记录，确定地震动强度参数 IM，如峰值加速度 PGA
或相应于结构基本周期 T_1 的谱加速度 S_a（T_1，5%）。

　　（2）对某一条地震动记录进行单调调幅，可采用等步长法、变步长法或 hunt
& fill 法。

　　（3）在幅值较小的地震波作用下对结构进行时程分析，选取结构响应参数
DM，如最大层间位移角 θ_{max}。记录于 DM 所在的 x 轴和 IM 所在的 y 轴的二维坐
标系，将该点与原点连线的斜率记为 K_e。

　　（4）计算并记录下一个幅值地震动作用下的结构 DM 值于坐标轴上，若该点
θ_{i+1} 与前一点 θ_i 连线的斜率大于 $0.2K_e$，则继续计算，直到斜率小于 $0.2K_e$ 或 θ_{i+1}
大于等于 0.1。

　　（5）变换不同地震动记录，重复步骤（2）～（4），得到多条 IDA 曲线。

　　（6）对 IDA 数据进行处理分析，取某一 DM 值下，得到不同 IM 值的均值 μ
和不同 IM 对数值的标准差 δ_{IM}，继而得到（DM，μ_{IM}），（DM，$\mu_{IM} \times e + \delta_{IM}$），
（DM，$\mu_{IM} \times e - \delta_{IM}$），分别为 50%、84%、16% 比例曲线。

地震动强度常取地震峰值加速度、地震峰值速度、阻尼比为 5% 的结构基本周期对应的加速度谱值以及结构屈服强度系数等；结构性能参数常取顶层位移、破坏指数、层间位移、最大层间位移角和最大基底剪力等。本章选用地震峰值加速度作为 IM，最大层间位移角作为 DM。

6.2.2　特征周期的计算

对于如何根据场地动力反应分析结果合理地确定地震波的反应谱的特征周期，目前没有统一的方法，本章选用以下 4 种常用的计算方法确定地震波的特征周期。

选择用速度反应谱的最大值和加速度反应谱的最大值计算地震动的特征周期。

$$T_g = 2\pi S_v / S_a \qquad (6-1)$$

式中　　S_v——速度反应谱最大值；

　　　　S_a——加速度反应谱最大值。

如果认为可用正弦函数表示一个场地的地面震动的主峰波，则它的周期为：

$$T_g = 2\pi V_{max} / A_{max} \qquad (6-2)$$

式中　　V_{max}——与主峰波相应的地面最大速度；

　　　　A_{max}——与主峰波相应的地面最大加速度。

此外，美国 ATC 3—06 规范中规定特征周期的计算方法为：

$$T_g = 2\pi \frac{EPV}{EPA} \qquad (6-3)$$

式中　　EPV——有效峰值速度，取 $T = [0.1, 0.5]$ 区间拟速度反应谱均值除以 2.5；

　　　　EPA——有效峰值加速度，取 $T = [0.5, 2.0]$ 区间绝对加速度反应谱均值除以 2.5。

FEMA - 450 法规定特征周期的计算方法为：

$$T_{FEMA-450} = \frac{S_{D1}}{S_{DS}} \qquad (6-4)$$

式中　　S_{D1}——1s 时的反应谱的谱值；

　　　　S_{DS}——0.2s 时的反应谱的谱值。

6.2.3　算例分析

（1）工程概况

采用 MIDAS CEN 有限元分析软件对某栋 4 层钢筋混凝土框架结构教学楼进行建模和弹塑性时程分析，教学楼采用现浇楼盖，梁柱的混凝土强度等级为 C30，纵向钢筋为 HRB335 级，箍筋为 HPB300 级；结构布置如图 6 - 1 所示，截面尺寸：A 轴线上梁为 250mm × 400mm，B、C 轴线上梁为 250mm × 600mm，1 ~

13轴线上梁为250mm×500mm，1~2层柱为400mm×400mm，3~4层柱为350mm×350mm。按设防烈度8度，Ⅱ类第二组场地进行结构设计。

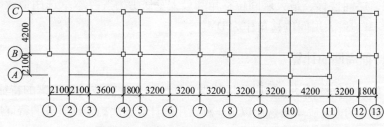

图6-1　结构平面布置图（单位：mm）

我国《建筑抗震设计规范》规定Ⅱ类第二组场地的特征周期 T_g 为0.4s，选取四组各八条地震记录输入。地震动记录的特征周期按式（6-1）计算。其中，第一、二组为特征周期在0.4s正负20%范围内的地震动记录，即其特征周期范围在0.32~0.48s；第三组为特征周期在0.32~0.48s范围以外的地震动记录，第四组是由在第一、二组随机抽取4条的地震动记录与第三组随机抽取4条的地震动记录组成的。输入的四组地震动记录参数如表6-1所示。

地震动参数　　　　　　　　　　　　　　　　　　　表6-1

组号	地震动名称	持续时间（s）	最大峰值（g）	特征周期（s）
一组	Newhall N46E	30.08	0.0868	0.38
	Cholame Shandon Array	47.33	0.0041	0.36
	Central Chile EQ NS	21.4	0.074	0.39
	Llo-llolleo	42.165	0.191	0.48
	Gengmaa	16.56	0.0918	0.36
	San Fernando Pocoima Dam	41.70	0.1076	0.42
	San Marino	40.0	0.1875	0.41
	Taft Lincoln School	54.26	0.1048	0.39
二组	Newhall N44W	30.06	0.598	0.33
	Central Chile EQ Trans Verse	21.405	0.055	0.44
	Arcadia	43.92	0.292	0.34
	Bonds Corner El Centro	37.82	0.5952	0.48
	Olympia	89.15	0.2981	0.48
	Castaic-Old Ridge	61.82	0.2761	0.34
	Central Chile EQ EW	21.4	0.074	0.44
	James RD. El Centro	37.82	0.5502	0.48

续表

组号	地震动名称	持续时间（s）	最大峰值（g）	特征周期（s）
三组	San Gabriel	29.98	0.2092	0.25
	Whittier Narrows	37.82	0.4532	0.52
	Northridge	49.0	0.1541	0.75
	Parkfield Cholame	26.18	0.237	0.23
	San Fernando	61.88	0.2706	0.61
	Hollywood Storage P. E.	78.62	0.0592	0.73
	Chi – Chillan	43.105	0.0549	0.66
	San Fernando 8244 Orion Blvd	59.48	0.255	0.85
四组	Central Chile EQ EW	21.4	0.074	0.44
	San Gabriel	29.98	0.2092	0.25
	Whittier Narrows	37.82	0.4532	0.52
	Northridge	49.0	0.1541	0.75
	Hollywood Storage P. E.	78.62	0.0592	0.73
	Castaic – Old Ridge	61.82	0.2761	0.34
	Arcadia	43.92	0.292	0.34
	Bonds Corner El Centro	37.82	0.5952	0.48

（2）IDA 分析结果

对 IDA 曲线进行统计拟合时采用三阶样条插值，使用 MATLAB 语言工具箱计算，统计拟合成的四组地震动记录 IDA 曲线如图 6-2 所示。对 IDA 曲线进行统计处理，绘制出 16%、50%、84%分位的 IDA 曲线，如图 6-3 所示。

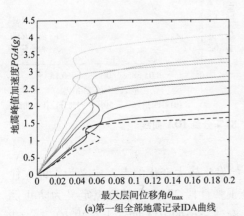

(a)第一组全部地震记录IDA曲线

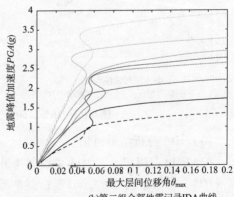

(b)第二组全部地震记录IDA曲线

图 6-2　四组全部地震记录 IDA 曲线

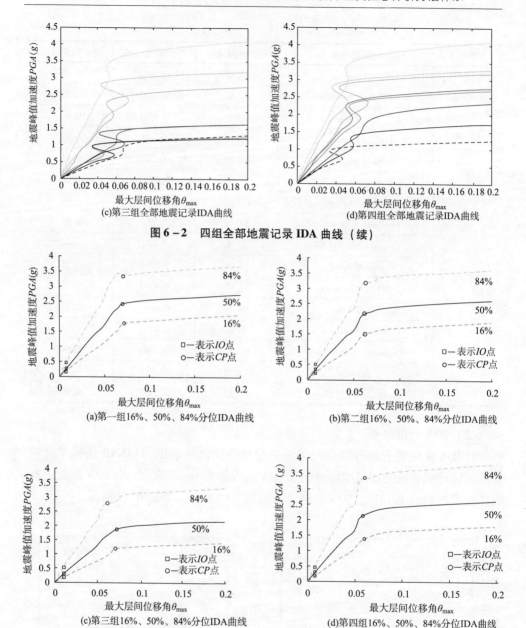

(c)第三组全部地震记录IDA曲线

(d)第四组全部地震记录IDA曲线

图 6 - 2　四组全部地震记录 IDA 曲线（续）

(a)第一组16%、50%、84%分位IDA曲线

(b)第二组16%、50%、84%分位IDA曲线

(c)第三组16%、50%、84%分位IDA曲线

(d)第四组16%、50%、84%分位IDA曲线

图 6 - 3　16%、50%、84%分位 IDA 曲线

（3）IDA 分析结果讨论

按 FEMA[9] 规定，在 IDA 曲线斜率开始发生较大变化的点，定义为立即入住点（IO），框架结构取 $\theta_{max} = 1\%$；斜率等于弹性段 $20\% K_e$ 对应点定义为防止倒塌的极限状态点（CP）。在 16%、50%、84% 分位的 IDA 曲线上标出 IO 点、CP 点，如图 6 - 3 所示。经统计的四组地震波记录的 IDA 曲线性能点见表 6 - 2。

IDA 曲线性能点 表 6 – 2

组号	极限状态	PGA			θ_{max}		
		16%	50%	84%	16%	50%	84%
一组	IO	0.24	0.37	0.58	0.01	0.01	0.01
	CP	1.76	2.45	3.38	0.070	0.069	0.069
二组	IO	0.28	0.40	0.56	0.01	0.01	0.01
	CP	1.50	2.24	3.23	0.063	0.063	0.063
三组	IO	0.30	0.55	0.61	0.01	0.01	0.01
	CP	1.20	1.88	2.75	0.073	0.072	0.063
四组	IO	0.23	0.38	0.61	0.01	0.01	0.01
	CP	1.38	2.17	3.42	0.061	0.060	0.061

在表 6 – 2 中，第三组的 IO 点值，即 $\theta_{max} = 1\%$ 时所对应的 PGA 值最大（PGA 值分别为 $0.3g$、$0.55g$、$0.61g$），第一、二组 IO 点值相对较小，第四组值与第一、二组值相近，第一、二组的 ID 曲线对应的 IO 点的评测结果相对于第三组比较保守。在 CP 点上，第三组所对应的 PGA 值则相对较小。四组性能点数值中，第三组对 IO 点、CP 点的评测值与第一、二组有明显不同，第四组的评测结果则与第一、二组相近。

50% 分位曲线如图 6 – 4 所示。当 PGA 超过 $1.88g$ 时，结构极有可能出现倒塌，而在其他三组的情况中，结构不会出现倒塌。四条 50% 分位曲线中，第一、二和四组的三条曲线分布较为集中，第三组曲线数值相对于其他三组有明显不同，有较大的偏差。

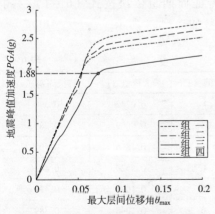

图 6 – 4 第一 ~ 第四组的 50% 分位
曲线图

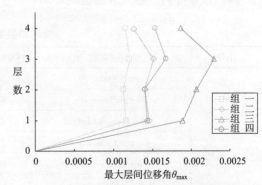

图 6 – 5 各楼层最大层间位移角均值
曲线（$0.05g$）

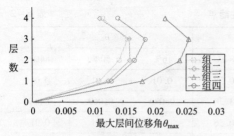

图 6-6　各楼层最大层间位移角
均值曲线（0.5g）

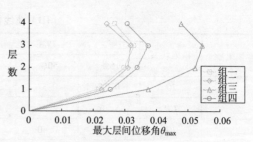

图 6-7　各楼层最大层间位移角
均值曲线（1g）

图 6-5 ~ 图 6-7 所示为在不同峰值加速度（0.05g、0.5g、1g）的地震动作用下，四组地震波中结构的各楼层最大层间位移角的均值曲线。图中第一、二组的值较为接近，而第三、四组的值有较大偏差。在相同的峰值加速度下，第一、二组的各楼层间最大层间位移角均小于第三组，第四组数值则在两者之间，有向一、二组靠拢的趋势。在三种峰值加速度的地震动记录作用下，如按各楼层最大层间位移角来对本结构的安全性进行评价，结论差别较大：第一、二组结构最为安全，第四组次之，第三组安全性最差。

可见按地震波的特征周期与建筑场地卓越周期接近的原则，选取地震波的第一、二组与随机选取非特征周期范围内的地震波的第三组的各项数值结果有明显不同，而采用混合第一、二组地震记录的第四组，得到的数值结果则可能缩小这种差异。

（4）地震易损性分析

采用汪梦甫等[10]提出的改进增量动力分析方法，进行地震易损性分析。地震易损性曲线计算时第一 ~ 第四组地震波的特征周期组依次按式（6-1）~ 式（6-4）计算得到，输入的四组地震动记录参数如表 6-3 所示。

地震动参数　　　　　　　　　　　　　　　　　　　　　　表 6-3

组号	地震动名称	持续时间（s）	最大峰值（g）	特征周期（s）
一组	Central Chile EQ	21.4	0.0742	0.390
	Whittier Narrows	30.08	0.0869	0.381
	Pico Canyon Blvd	40.0	0.1876	0.407
	Central Chile EQ	21.4	0.5520	0.441
	San Fernando Pocoima Dam	41.70	0.1076	0.422
	Taft Lincoln School	54.26	0.1048	0.389
	Yunnan	12.38	0.1436	0.364
	San Fernando	61.82	0.3157	0.343

续表

组号	地震动名称	持续时间（s）	最大峰值（g）	特征周期（s）
二组	Parkfield Cholame	26.14	0.275	0.345
	San Fernando	61.84	0.3154	0.445
	Northridge	59.98	0.3703	0.411
	San Fernando	61.82	0.3157	0.348
	Kern County	54.25	0.1049	0.407
	Morgan Hill	59.98	1.1611	0.440
	Western Washington	89.15	0.2802	0.388
	California	43.77	0.2074	0.439
三组	Hollywood Storage P. E.	78.62	0.0420	0.430
	San Fernando	61.88	0.2706	0.343
	Northridge	59.98	0.8836	0.344
	Pico Canyon Blvd	40.0	0.1876	0.405
	California	43.77	0.2074	0.443
	Hollywood Storage P. E.	78.58	0.0204	0.355
	Michoacan Mexico	62.71	0.1501	0.394
	El Centro	37.03	0.1966	0.454
四组	Llo – llolleo	42.165	0.1910	0.388
	Western Washington	89.0	0.0925	0.416
	El Centro	37.82	0.5502	0.471
	Whittier Narrows	37.82	0.4532	0.423
	Northridge	59.98	0.3703	0.365
	San Fernando Pocoima Dam	41.70	0.1076	0.372
	Llo – llolleo	39.56	0.170	0.384
	El Centro	37.82	0.5952	0.347

结构在发生轻微破坏（IO 极限状态）的失效概率和发生严重破坏（CP 极限状态）的失效概率如图6－8、图6－9所示。

通过对图6－8、图6－9的分析比较，发现以下特点：

1）在第三组地震波作用下结构最先可能发生轻微破坏，其他三组地震波作用下，结构在初始可能发生轻微破坏的 PGA 值非常接近。

2）随着峰值地面加速度的逐渐增大，第三组最先达到发生轻微破坏100%的概率，第四、二、一组依次达到发生概率的最大值。

3）在 CP 点时，在第一、二、三组地震波作用下，混凝土结构在 PGA 等于 $0.5g$ 左右时会有可能发生严重破坏，而第四组作用时，建筑结构将在 $1g$ 以后才有可能发生严重破坏。

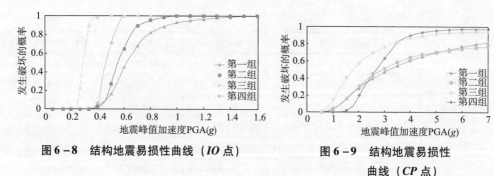

图 6-8　结构地震易损性曲线（*IO* 点）　　　图 6-9　结构地震易损性
曲线（*CP* 点）

4）随着 *PGA* 的增大，在第四组地震波作用下，结构发生严重破坏的概率增加速率最大，当 *PGA* 达到 5*g* 以后，四组地震波作用下的破坏概率增速均减缓，接近于平缓。其中在 *PGA* 达到 5*g* 时，第三、四组作用下，结构发生严重破坏的概率在 90% 以上，第一、二组的概率只有 70%。

通过以上计算结果的分析可以看出：在峰值地面加速度较小时，第一、二、四组得到的建筑结构 *IO* 点的易损性值比较相近，第三组较为保守。在峰值地面加速度值较大的阶段时，按第三、四组得到发生严重破坏的概率较合理，第一、二组数值存在失真。

6.3　基于 MIDA 的既有建筑结构地震反应分析方法研究

MIDA 方法首先对各阶模态进行 Pushover 分析，再通过对相应于各阶模态的 SDF 体系进行 IDA 分析，然后对得到的各阶模态的反应进行组合，最终获得结构的地震反应。MIDA 的核心理论基础源自于 MPA。

6.3.1　MPA 方法的理论基础

MPA（Modal Pushover Analysis）方法，或称为振型（模态）Pushover 方法，是 Chopra 等人[11, 12]于 2002 年提出的。该方法利用振型分解原理，忽略振型耦合，根据每个振型的惯性力分布特点，对每个振型分别进行 Pushover 分析，求出相应的地震反应，然后采用平方和开方法则将各振型的地震反应进行组合，求出结构的总地震反应。MPA 方法是介于静力非线性分析和动力非线性分析之间的一种新的分析方法，它保留了静力弹塑性方法概念简单和计算费用低的优点，并且使分析结果能得到改进。吕西林[13]等通过模型振动台试验，验证了 MPA 方法较为有效，能适合高层建筑抗震非线性分析。

（1）MPA 方法原理

对于弹性体系，MPA 方法与反应谱分析法相同[14]，本节不作详细讨论，下面对弹塑性体系的 MPA 方法原理进行阐述。

　　结构进入弹塑性阶段后，与弹性体系的主要差别在于结构的刚度退化以及弹塑性阶段各模态间的耦合作用。对于非弹性体系，结构动力微分控制方程如下式：

$$[M]\{\ddot{x}\} + [C]\{\dot{x}\} + f_s(x, \pm\dot{x}) = -[M]\{I\}\ddot{x}_g(t) = P_{\text{eff}}(t) \quad (6-5)$$

　　其中恢复力 f_s 是非线性函数。从式（6-5）中可见，等效侧向力中与时间无关的静力部分的分布与 $[M]\{I\}$ 有关。令模态质量荷载 $S = [M]\{I\}$，S 可以按模态展开[15]：

$$S = \sum_{j=1}^{N} s_j = \sum_{j=1}^{N} \gamma_j[M]\{\phi\}_j \quad (6-6)$$

式中：γ_j——j 阶模态的振型参与系数；

　　　　s_j——j 阶模态质量荷载向量，$s_j = \gamma_j[M]\{\phi\}_j$，反映等效静力的空间分布，则有：

$$P_{\text{eff},j}(t) = -s_j\ddot{x}_g(t) \quad (6-7)$$

$$P_{\text{eff}}(t) = \sum_{j=1}^{N} P_{\text{eff},j}(t) = -\sum_{j=1}^{N} s_j\ddot{x}_g(t) \quad (6-8)$$

　　侧向力分布模式如图 6-10 所示。对于弹性体系，模态峰值反应的等效侧向力为 $s_n A_n$，A_n 为伪加速度谱值。

　　引入广义坐标 $q(t)$，令 $\{x\} = [\phi]\{q\}$，代入式（6-5），左乘 $\{\phi\}_j^T$，化简得到：

$$\ddot{q}_j + 2\zeta_j\omega_j\dot{q}_j + \frac{F_{sj}(q_j, \pm\dot{q}_j)}{M_j} = -\gamma_j\ddot{x}_g(t) \qquad j = 1, 2, \cdots n, \quad (6-9)$$

　　式中：$F_{sj}(q_j, \pm\dot{q}_j) = \{\phi\}_j^T f_s(x_j, \pm\dot{x}_j)$，依赖于所有模态坐标 $q_j(t)$；广义质量 $M_j = \{\phi\}_j^T[M]\{\phi\}_j$。

　　Chopra 等[16] 验证了对于非弹性体系的 n 阶模态 $P_{\text{eff},n}$ 作用下，n 阶模态之外其他模态对位移反应的影响很小，可以忽略，F_{sj} 只与 q_j 一个模态坐标有关。令 $q_j = \gamma_j D_j$，代入上式，得到 n 阶振型的等效单自由度（ESDOF）体系的地震反应方程为：

$$\ddot{D}_j + 2\zeta_j\omega_j\dot{D}_j + \frac{F_{sj}}{L_j} = -\ddot{x}_g(t) \qquad j = 1, 2, \cdots n。 \quad (6-10)$$

式中，$L_j = \{\phi\}_j^T[M]\{I\}$。

$$F_{sj}(D_j, \pm\dot{D}_j) = \{\phi\}_j^T f_s(D_j, \pm\dot{D}_j) \quad (6-11)$$

　　输入地震动后，通过 ESDOF 控制方程式（6-6）即可以求解计算出 D_j 以及 q_j。式（6-6）可视为 n 阶模态的等效单自由度弹塑性体系地震反应方程，如图 6-11 所示，该 SDF 体系具有以下特点：①相应于线性 MDF 体系模态的自振频率 ω_j，阻尼比 ζ_j；②单位质量；③恢复力 F_{sj}/L_j 与模态坐标 D_j 的关系由式（6-11）定义，由于式（6-6）与 SDF 体系形式一样，可以方便地通过标准程序求解，$D_j(t)$ 的峰值可以由弹塑性反应（设计）谱估算。第 j 模态弹塑性 SDF 体系的引入可以将已经建立的比较完备的弹性体系概念扩展到非弹性体系当中。

　　通过对结构施加逐步增加的 n 阶模态质量分布荷载 s_n，进行静力弹塑性分析可以

得到结构基底剪力 V_{bn} 与顶点位移 u_{rn} 的曲线，如图 6-12 所示。按下面关系可将 V_{bn} - u_{rn} 关系转化为第 n 阶模态 ESDOF 弹塑性体系的基底剪力 F_{sn}/L_n 与顶点位移 D_n 的曲线：

$$D_n = \frac{u_{\text{rn}}}{\gamma_n \phi_{\text{rn}}} \qquad (6-12)$$

$$F_{\text{sn}} = \frac{V_{\text{bn}}}{\gamma_n} \qquad (6-13)$$

则 $\dfrac{F_{\text{sn}}}{L_n} = \dfrac{V_{\text{bn}}}{\gamma_n L_n} = \dfrac{V_{\text{bn}}}{M_n^*}$，其中有效模态质量 $M_n^* = L_n \gamma_n = (\{\phi\}_n^{\text{T}}[M]\{I\})^2 / (\{\phi\}_n^{\text{T}}[M]\{\phi_n\})$。

由于结构屈服时，有 $\dfrac{F_{\text{sny}}}{L_n} = \omega_n^2 D_{\text{ny}}$，可知图 6-12 中的初始刚度为 ω_n^2。第 n 阶模态 SDF 体系的弹性振动周期 T_n 由下式计算：

$$T_n = 2\pi \left(\frac{L_n D_{\text{ny}}}{F_{\text{sny}}} \right)^{1/2} \qquad (6-14)$$

T_n 值用于式 (6-6)，该值可能与相应弹性体系的周期有所不同。

MDF 最大位移可以由等效 SDF 最大位移按下式计算：

$$(Max. Disp)_{\text{MDF}} = \gamma_n \phi_{\text{rn}} (Max. Disp)_{\text{SDF}} \qquad (6-15)$$

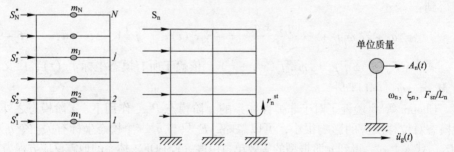

图 6-10　结构静力分析　　　　　图 6-11　弹塑性 SDF 动力分析

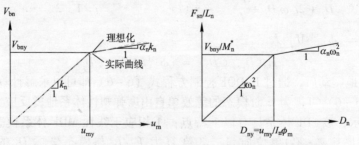

图 6-12　从 Pushover 曲线得到的第 n 阶模态 SDF 体系参数

（2）MPA 方法的步骤

1）计算结构自振周期和各阶模态；

2）对于第 n 阶模态，按照 $S_n^* = [M]\{\varphi\}_n$ 的侧向力分布得到 Pushover 曲线；

3）将模态 Pushover 曲线理想化为二折线；

4）将理想化 Pushover 曲线转化为第 n 阶模态弹塑性 SDF 体系的力 - 位移关系，定义滞回规则；

5）计算第 n 阶模态弹塑性 SDF 体系的峰值变形 D_n，主要方法有非线性时程分析、弹塑性设计谱或者经验公式；

6）计算第 n 阶模态顶层峰值位移：$\mu_{rn} = \gamma_n \varphi_{rn} D_n$；

7）从 Pushover 数据库中提取顶层位移 $\mu_{rg} + \mu_{rn}$ 时的预期反应 r_{n+g}；

8）对选择的其余模态重复 3~7 步；

9）计算第 n 阶模态动力反应：$r_n = r_{n+g} - r_g$；

10）确定总需求：$r \approx \max\left[r_g \pm \sqrt{\sum r_n^2} \right]$。

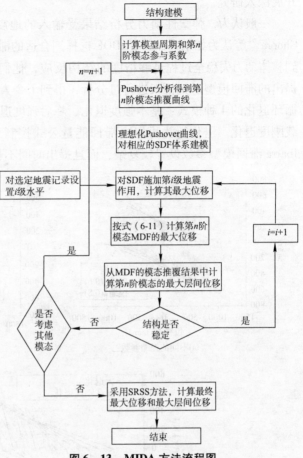

图 6-13 MIDA 方法流程图

6.3.2 MIDA 方法流程

MIDA 方法中对等效 SDF 体系输入比例变化的地震作用，进行非线性动力时程分析，MPA 方法构成其核心部分。MIDA 方法流程如图 6-13 所示。

采用 MIDA 方法，每阶模态的 Pushover 分析只需执行一次，计算时间很短，能快速估计 IDA 曲线且没有带来大的精度损失。MIDA 方法除了能采用非线性动力时程分析外，还能利用非线性谱来计算结构最大动力反应，这一点是 IDA 方法所不具有的[5]。

6.3.3 Modal SDOF 体系滞回模型的研究

Modal SDOF 体系非线性恢复力骨架参数由模态推覆曲线折线化后折线的顶点来确定。由于 MIDA 方法提出时间很短，相关的研究不多，特别是对于滞回规则与分析结果关系的研究很少，适用于混凝土结构和加固后结构的滞回模型值得开展深入研究。

一般认为，弹塑性动力分析结果受输入的地震波和恢复力特性的影响很大。Chopra[6] 等认为如果为 Modal SDOF 选择到合适的滞回模型，可以获得从结构弹性到整体动力失稳全过程足够精度的结构反应，他们采用 Ibarra 和 Krawinkler[17, 18] 提出的滞回模型对钢框架进行过分析，得到了令人满意的结果。该模型可以反映循环退化的 4 种模式：基本强度退化、峰后强度退化、卸载刚度退化和加速再加载刚度退化。退化行为可以由滞回能量公式控制，也可由损伤模式决定。然而 Ibarra 滞回模型参数设置较复杂，而且提出时间不长，有待进一步检验。

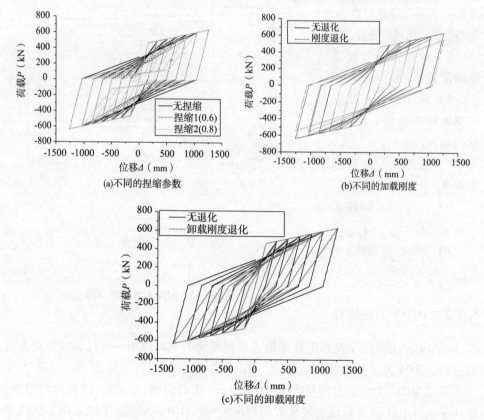

(a)不同的捏缩参数　　　(b)不同的加载刚度

(c)不同的卸载刚度

图 6 - 14　不同参数下的 Clough 滞回模型

为使分析更具通用性，本章提出对 ESDOF 体系的非线性恢复力模型采取经典的 Clough 模型，该模型的特点是反向加载时指向最大位移点。Clough 模型能通过改变加载和卸载刚度来考虑刚度退化，通过与延性或能量相关的指标来考虑强度退化，还能考虑不同的捏缩效应。如图 6 - 14 给出了不同捏缩和加、卸载刚度下的滞回曲线。在后面将结合实例，对采用 Clough 模型模拟 Modal SDOF 体系滞回行为的合理性和参数进行验证和分析。

6.3.4　MIDA 方法对既有建筑结构的适用性

综合分析 7.1.3 算例全过程，本章认为采用 IDA 方法对加固后结构进行抗震性能评价是可行的，基于 MIDA 能得到比较准确的分析结果，计算时间大大降低，在计算成本的节约上有着非常突出的优势。MIDA 方法能对加固后结构在结构整体层次进行评价，能用于抗震加固结构在中震、大震甚至巨震下结构反应的预测，同时可以对加固方案进行直观的评价和比选。

根据 MIDA 方法的特点，本章提出通过 MIDA 分析方法实现静力非线性模型和动力非线性分析融合的思路，即利用本章发展的既有建筑结构静力非线性数值模型进行模态推覆，从模态推覆分析结果获得 Modal SDOF 的参数，选取经典的 Clough 滞回模型，对各阶 Modal SDOF 进行动力非线性分析，最后通过将各阶模态的分析结果进行组合得到结构的地震反应（如图 6 – 15 所示）。MIDA 方法的动力非线性基于 Modal SDOF 进行分析，其精确程度依赖于结构静力非线性分析的模型、滞回模型和具体的实现方法。

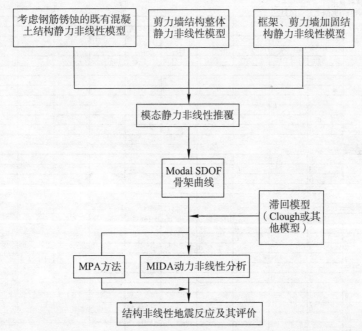

图 6 – 15　基于 MIDA 分析方法实现静力非线性模型和动力非线性分析的融合

6.4　基于 MIDA 的既有建筑结构抗震性能评价方法实现技术

6.4.1　结构参数输入和模型的建立

本章以 Excel 模板建立如图 6 – 16 所示的输入界面，在界面中填写材料、模型和荷载等参数，自动生成 OpenSees 平台的 TCL 输入代码。通过调用前面各章中编制好的墙体和杆系静力非线性分析程序，对所选取的模态进行静力推覆。

	A	B	C	D	E	F	G	H	I	J	K	L
1		0	1	2	3	4	5	6	7	8	9	10
2	#1. Define materials											
3	#concrete											
4	CUnconfFc	-32.868	-33.781	-37.599								
5	CUnconfEc	-0.002	-0.002	-0.002								
6	CUnconfEcu	-0.004	-0.004	-0.004								
7	# rebar											
8	fy	344	349.5									
9	E	210000	210000									
10	# bonded steel											
11	fys	315										
12	Es	207000										
13	#confined concrete											
14	isbondedsteel	0	0	0	0	0	0					
15	concrID	0	1	2	0	1	2					
16	colY	20	20	20	32	32	32					
17	colZ	20	20	20	12	12	12					
18	colCov	1.5	1.5	1.5	1.5	1.5	1.5					
19	CTSspace	5	5	5	5	5	10					
21	CTSFy	362	362	362	362	362	362					
22	CTSarea	0.283	0.283	0.283	0.283	0.283	0.283					
23												
24	#2. Section define											
25	#与混凝土材料有关											
26	#ID编号先钢后混凝土最后钢材											
27	colYZID	0	1	2	3	4	5					
28	col0Rbeam	1	1	1	0	0	0					
29	barID	1	1	{1}	{1 2}	{1 2}	{1 2}					
30	barcol	3	3	{3 2 3}	{3 3}	{3 3}	{2 3}					
31	As	{1.131}	{1.131}	{1.131}	{1.131 1	{1.131 1	{1.131 1.403}					
32												
33	coreID	3	4	5	6	7	8					
34	coverID	9	9	9	9	9	9					
35												
36	bs	3	3									
37	ts	0.4	0.4									
38	steelID	0	0									
39												
40	#3. Start of model generation											
41	columnLine	0	360									
42	girderLine	128	260	392								
43	nIntPt	5										
44												
45												
46	#4. Assign section to columns and beams, assign gravity load on nodes											
47	num#	sectionID	nloadY	nloadMZ	Hload	floor uni	point loa	location				
48	1	1	0	0	10							
49	2	2	0	0								
50	3	3	0	0								
51	4	1	-184	0								
52	5	2	0	0								
53	6	3	0	0								
54	7	4	0	0								
55	8	5	-256	0								
56	9	6					-34	0.5				
57	10											
58	11											
59	12											
60	13											
61	14											
62	15											
63	16											
64	17											
65	18											
66	19							生成TCL输入代码				
67	20											

（a）杆系结构

图 6-16　OpenSees 结构模型生成模板

	A	B	C	D	E	F	G	H
1	1.控制参数							
2	dUi	0.0508	cm					
3	maxU	3	cm					
4								
5	2.材料参数						41.17647	37.35
6	1)concrete							
7	fc	-31.159119	MPa		fc	42.8197	n	3.318806
8	eo	-0.0022					k	1.36064
9	alphaC	0.32						
10	fcr	1.7304309 7	MPa		e0	0.001995	n	3.858319
11	ecr	8.00E-05						
12	b	0.4						
13	alphaT	0.08						
14	unconcr	2						
15	confconcl	1						
16	2)端部约束混凝土参数							
17	colCov	1	1					
18	CTSspace	3.5	cm					
19	D1	0.4	cm					
20	D	1.4	cm					
21	CTSFy	273	MPa					
22	CTSarea	0.126	cm*$cm					
23	3)steel							
24	fy	434.482759	531.0345	531.0345				
25	by	0.01	0.01	0.01				
26	Ry	15	15	15				
27	E	200000	210000	210000				
28								
29	3.截面信息							
30	t1	10.16	cm					
31	NStrip1	2						
32	t2	10.16	cm					
33	NStrip2	4						
34	t3	10.16	cm					
35	NStrip3	2						
36	np	1						
37	C	0.4						
38	Hfib	4.6	cm*$cm		5.4			
39	fibZ	0						
40	h1	25.765	cm					
41	h3	25.765	cm					
42	Asteel	15.48	7.71	15.48				
43	matsteel	1001	1002	1001				
44								
45	4.模型信息							
46	baspoint	-82.3675	0	cm			-32.4281	0
47	wh	548.64	cm				80.75	
48	wb	164.735	cm	-164.735				
49	elenum	3						
50								
51	5.竖向荷载							
52	pload	-54.185536	kN					
53								
54	6.侧向加载模式							
55	llm	1	0	0				
56							生成TCL输入代码	
57								
58								

（b）墙体

图 6-16 OpenSees 结构模型生成模板（续）

6.4.2　MPA 方法中模态的选取

以往动力分析关于模态选取的研究成果可以用于 MPA 当中，其中有两种主要模态选取方法：

（1）按模态参与重（质）量来选取[19]

$$G_j = \frac{\left[\sum\limits_{i=1}^{n} G_i \phi_{ji}\right]^2}{\sum\limits_{i=1}^{n} G_i \phi_{ji}^2}　\qquad (6-16)$$

$$\frac{\sum\limits_{j=1}^{n} G_j}{G} \geqslant 90\%　\qquad (6-17)$$

（2）按模态贡献率选取[20]

$$\frac{G_j}{G} \geqslant 1\%　\qquad (6-18)$$

6.4.3　对 MPA 推覆曲线的双折线化

各模态推覆分析结束后，需要对推覆得到的荷载位移曲线采用直线进行双折线化，目的是获得等效 SDOF 体系（ESDOF）的参数。FEMA273[21] 提出了双折线化方法，如图 6－17（a）所示。Hossein Azimi 等[22] 提出了改进方法，除了满足面积相等的条件外，还使得图 6－17（b）中的 $A + B + C$ 的面积最小，即折线和实际推覆曲线最为接近。但 Hossein Azimi 的方法稍嫌繁复，本章采用 FEMA273 的方法进行双折线化，编制了对推覆曲线进行双折线化的程序，具体步骤如下：

（1）根据推覆曲线选择屈服后的定点 B，计算推覆曲线与坐标轴所围面积 S_0。

（2）估算基底屈服剪力 V_y，并在推覆曲线上找出 $0.6V_y$ 所对应点 C，由 OC 延长至纵坐标值为 V_y 处确定点 A。

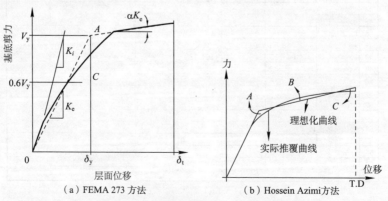

（a）FEMA 273 方法　　　　　　　（b）Hossein Azimi 方法

图 6－17　对推覆曲线进行双折线化的方法

（3）计算 OAB 与坐标轴所围面积 S，若 $(S-S_0)/S_0$ 小于设定的误差范围内，则 A 点即为理想二折线化后的屈服点，否则重新选择 V_y，重复（2）～（3）的步骤，直到 $(S-S_0)/S_0$ 小于预设误差。

6.4.4 IDA 曲线定义及结构反应统计

IDA 分析中，地震强度因子 IM（Intensity Measure）的定义方法有多种，常用的有峰值加速度（PGA）、峰值速度（PGV）、结构基本周期对应的加速度反应谱 S_a（T_1，5%）等，结构损伤性能参数 DM（Damage Measure）的定义也有很多，可选的有最大基底剪力、楼层位移、破坏指数、层间位移角等。当前，关于 IDA 曲线参数的选择存在矛盾的看法，未能达成一致。通常认为对于 DM 参数采用最大层间位移角 θ_{max} 是最合适的，因为它与节点转动、构件破坏程度和层间倒塌能力直接相关。

由于 IDA 曲线与地震记录的选取有关，单一的 IDA 曲线不能完全预测出结构的行为，因此在选择一系列地震记录对结构进行分析后，需要对 IDA 结果进行统计分析。根据多条地震记录计算得到的 IDA 曲线有两种统计方法：按 IM 统计和按 DM 统计。研究[8, 14]认为对于结构地震反应采用对数正态分布比较合适，中值 $\hat{x}$ 采用几何平均，标准偏差 δ 定义如下：

$$\hat{x} = \exp\left[\frac{\sum_{i=1}^{n} \ln x_i}{n}\right] \tag{6-19}$$

$$\delta = \left[\frac{\sum_{i=1}^{n}(\ln x_i - \ln \hat{x})^2}{n-1}\right]^{1/2} \tag{6-20}$$

6.4.5 基于 IDA 曲线的结构性态水准极限状态点

IDA 分析结果最后要纳入基于性态的地震工程 PBEE（Performance Based Earthquake Engineering）框架中进行评价[23]，需要有相应的性态水准确定方法，然而，目前基于 IDA 曲线如何定义结构性态水准极限状态点的研究还不多。有关研究[3, 4, 24]指出，一般 IDA 曲线有一个明显的线弹性阶段，范围从坐标原点到 $\theta_{max}=1\%$ 左右。在曲线斜率开始发生较大变化的点，此时 $\theta_{max}=0.8\%$ 定义为屈服点（Immediate Occupancy，简称 IO 点），斜率等于弹性段的 20% 或 $\theta_{max}=10\%$ 对应的点定义为结构不倒塌的极限状态水平点（Collapse Prevention，简称 CP 点），曲线开始出现平缓直线时即 θ_{max} 趋于无穷大时定义为结构整体动力失稳点（Global Dynamic Instability，简称 GI 点）。需要指出的是，混凝土结构特别是加固后结构的性态水准，是否也应该这样定义，值得深入研究。

6.5　既有建筑的性态评价方法

按照我国现行的标准规范[25-27]，既有建筑结构的抗震鉴定加固与新建结构抗震设计的原则一样，均是通过小震弹性承载力计算结合抗震延性构造措施来达到三水准的抗震设防目标。事实上，传统的小震弹性承载力计算加抗震延性构造措施的方法，对于复杂的既有建筑结构的抗震评估与加固并不能完全胜任，即使是对规则的结构，也无法定量判断在中、大震下结构进入弹塑性的抗震性能，尤其对人们普遍关注的抗倒塌性能十分模糊。

6.5.1　既有建筑结构抗震性能评价需要考虑的因素

Ghobarah[28]指出，既有结构与新建结构主要不同的特点在于：①柱受剪承载力不足；②搭接连接不够（对于未抗震设计的结构，柱上竖向搭接连接一般按受压来设计的）；③节点受剪承载力不足；④梁柱节点处梁下部钢筋锚固不够；⑤梁受剪承载力不足（未按强柱弱梁设计）。在地震作用下，承载力不足导致结构体系中产生薄弱部位，加上构造上的缺陷，会严重影响对既有钢筋混凝土结构的潜在损伤和构件失效模式，结构失效模式直接影响结构在弹塑性阶段的承载能力和稳定性。对于新建结构设计，传统的计算分析过程将力和变形的分析分开，分别对应于承载能力极限状态设计和正常使用极限状态设计，而对于既有建筑的弹塑性抗震分析，需要将力和变形二者紧密结合起来。

综合起来，既有钢筋混凝土结构需要考虑结构承载力和延性构造的不足，以及在使用过程中各种因素作用下的结构损伤对结构抗震性能的影响。

黄超等[29]通过引入国际上先进的基于性能的结构抗震思想，以结构层间位移和结构构件变形作为性能目标，提出了定量进行既有钢筋混凝土建筑结构的抗震评估与加固技术。由于对构件性能目标建议采用 FEMA 和 ASCE[30,31]给出的值，因而具有较强的可操作性。但既有结构性能退化和结构构造措施如何在弹塑性模型中得到合理反映等与既有结构特点密切相关的问题，仍需要深入研究。

最新的抗震鉴定标准[25]引入后续使用年限的概念，对既有建筑进行界定，为既有建筑的抗震评价和加固提供了重要的原则，也为既有结构弹塑性抗震评价方法提供了很好的思路。本书提出，对既有建筑结构以不同时期的规范进行界定，将相关规范在承载力和延性构造方面的差异通过结构弹塑性模型反映出来，最终得到合理、准确的弹塑性分析结果。由于篇幅所限，这部分的内容不在本书中讨论，本章后面将对既有建筑考虑损伤的性态评价方法进行探讨。

6.5.2　基于《建筑工程抗震性态设计通则》的结构性态评价方法

《建筑工程抗震性态设计通则（试用）》CECS160：2004（以下简称《通

则》)[32]是由中国工程建设标准化协会正式批准的中国第一本具有样板规范性质的建设工程抗震性态设计技术文件[33]，《通则》按国际上最新的抗震设计思想——基于性态的抗震设计思想编制。

6.5.2.1　《通则》中的设计原则

《通则》引入抗震性态要求，由性态要求对应的建筑使用功能分类，再由建筑使用功能分类和设计地震动参数来确定抗震设计类别，进行抗震设计。

不同于《建筑抗震设计规范》GB50011 – 2010（以下简称《规范》）中人们熟悉的两阶段设计法，《通则》采用二级设计，其中第一级设计直接按设防地震动进行抗震计算，在计算结构地震作用时所采用的地震作用系数，是根据相应于抗震设防烈度（地震基本烈度）的地震系数确定的，采用弹塑性反应谱的概念，引入了结构影响系数；第二级设计是对抗震设计类别较高的建筑，除符合第一级设计要求外，还要按罕遇地震进行弹塑性变形验算，以满足相应的设防要求。由于对抗震性态有不同的要求，Ⅱ~Ⅳ类建筑使用功能类别有着各自的变形验算限值。

《通则》规定，规定年限 T_{MJ} 内多遇地震、抗震设防地震和罕遇地震对应的超越概率分别是 63%、10% 和 5%（《规范》取 2%~3%）。根据建筑物对社会、政治、经济和文化的影响的重要性分为甲、乙、丙、丁四个类别，分类方法与《规范》一致，但与《规范》有重大区别的是，《通则》不是简单提高或降低设防烈度来计算地震作用和采取抗震措施，甲乙丙三种重要性的建筑，其规定年限 T_{MJ} 分别对应取为 200 年、100 年、50 年。

进行抗震验算时，《通则》的地震作用分析系数取值与《规范》一致，γ_{RE} 取为 0.8。

6.5.2.2　地震作用的计算

（1）建筑场地地震影响系数

《通则》给出了场地设计谱 β，与《规范》场地设计谱在 $T \leq 5T_g$ 的短周期直线段、水平段、下降曲线段的形状参数相同，但 $T > 5T_g$ 后，存在一些差异，此外，阻尼修正也有些不同。地震影响系数按下式计算：

$$\alpha = k\beta \qquad (6-21)$$
$$k = A/g \qquad (6-22)$$

式中：A 为设计地震加速度，需特别注意的是，《规范》给定的地震加速度峰值仅考虑了地震烈度单一因素，《通则》考虑不同危险性特征分区，根据上述甲、乙、丙 3 类建筑重要性类别对应不同的 T_{MJ} 取定设防地震或罕遇地震的设计地震加速度值 A，可见《通则》考虑的因素更多。

（2）采用底部剪力法计算时总水平地震作用标准值

$$F_{Ek} = C\eta_h\alpha_1 G_{efl} \qquad (6-23)$$

基本振型水平地震作用标准值

$$F_{\text{Ek1}} = C\alpha_1 G_{\text{ef1}} \tag{6-24}$$

式中　　C——结构影响系数，见表 6-4；

$\qquad \alpha_1$——相应于结构基本自振周期的水平地震影响系数；

$\qquad \eta_{\text{h}}$——水平地震影响系数的增大系数；

$\qquad G_{\text{ef1}}$——相应于结构基本振型的有效重力荷载。

应该注意到，《通则》中底部剪力法的应用范围扩大了，此外，还通过计算第二振型的水平地震作用来考虑高振型的影响。

（3）振型分解法计算水平地震作用

《通则》中采用类似底部剪力法的表达方式，即先由单个振型的水平地震作用求其沿结构高度的分布，再组合出总水平地震作用，其计算方法实质与《规范》方法一致。

（4）竖向地震作用

《通则》中高层建筑竖向地震作用标准值的计算式为：

$$F_{\text{Evk}} = \alpha_{\text{v,max}} G_{\text{eq}} \tag{6-25}$$

式中：$\alpha_{\text{v,max}}$ 取相应水平地震影响系数最大值的 65%；G_{eq} 为结构等效重力荷载，取重力荷载代表值的 75%。

《通则》基本沿用《规范》的规定，将烈度转换为相应的设计地震加速度和抗震设计类别，但由于《通则》是按抗震设防地震进行抗震设计，地震影响系数与《规范》不同。

6.5.2.3　结构影响系数对地震作用的影响

由于直接按设防地震动计算，《通则》采用结构影响系数 C 考虑了结构的非弹性地震作用，各种材料和结构体系的结构影响系数列于表 6-4。需要指出的是，《规范》中多遇地震烈度相对于抗震设防烈度的地震作用的折减平均取为 0.35，表 6-4 还列出了不同结构材料和结构体系的结构影响系数与 0.35 的差异，可见，按上述方法计算不同结构体系的地震作用与《规范》计算的结果可能差别较大。

不同结构材料和结构体系的结构影响系数比较　　　　表 6-4

结构材料	抗震结构体系	结构影响系数 C	$C/0.35$
钢	框架结构	0.25	0.71
	中心支撑框架结构	0.3	0.86
	偏心支撑框架结构	0.27	0.77
	框架-中心支撑结构	0.27	0.77
	框架-偏心支撑结构	0.25	0.71
	各种筒体和巨型结构	0.3	0.86
	倒摆式或柱系统结构	0.55	1.57

续表

结构材料	抗震结构体系	结构影响系数 C	$C/0.35$
	框架结构	0.35	1.00
	框－排架结构	0.35	1.00
	框架－抗震墙结构	0.38	1.09
	板柱－抗震墙结构	0.38	1.09
	板柱－框架墙结构	0.38	1.09
钢筋混凝土	框架－核心筒体结构	0.38	1.09
	筒中筒结构	0.38	1.09
	落地抗震墙结构	0.4	1.14
	局部框支抗震墙结构	0.4	1.14
	倒摆式或柱系统结构	0.55	1.57
	框架结构	0.35	1.00
钢－混凝土组合	框架－筒体结构	0.38	1.09
	框架－抗震墙结构	0.38	1.09
	筒中筒结构	0.4	1.14
	黏土砖、多孔砖砌体墙结构	0.45	1.29
砖、砌块砌体	小砌块砌体墙结构	0.45	1.29
	底部框架－抗震墙结构	0.45	1.29
	多排柱内框架结构	0.45	1.29

6.5.2.4　评估步骤

归纳起来，按《通则》进行抗震评估时，基本步骤如下：

（1）根据不同性态要求确定建筑使用功能类别。

（2）根据不同建筑重要性分类，按不同地震危险性特征分区查得规定年限 T_{MJ} 对应的设计地震加速度 A（设防地震或罕遇地震下）。

（3）由建筑使用功能和设计地震加速度确定抗震设计类别。

（4）按底部剪力法或振型分解法计算水平地震作用，必要时计算竖向地震作用。

（5）以层间位移限值作为不同性态水平目标进行结构抗震变形验算，试算调整结构尺寸、质量和周期。

（6）进行内力分析，与其他荷载工况下的内力组合。根据不同抗震设计类别进行内力调整，然后进行结构构件截面配筋设计计算或构件验算、节点和连接的抗震验算。

（7）根据不同抗震设计类别进行构造设计。

6.5.2.5　应用常用设计软件进行评估的实用方法

PKPM 软件中，TAT 和 SATWE 模块中都能在"地震信息"中对特征周期和水平地震作用影响系数最大值进行直接输入修改[34]。由前面分析知，《通则》地震影响系数在 $T \leqslant 5T_g$ 时与《规范》一致，因此，对 $T \leqslant 5T_g$ 的结构计算地震作用时，可以将设防地震影响系数与查得的结构影响系数的乘积 $C\alpha_{max}$ 直接作为"等效的地震影响系数最大值"在程序中输入，因 β_{max} 取 2.25，故按《通则》该值为 $2.25 \times C \times A$；在进行截面设计构件验算时，如钢筋混凝土结构的强柱系数、梁柱墙的剪力增大系数等，可将不同抗震设计类别的要求与《规范》的抗震等级要求对应起来，就近套用；构造设计需对照《通则》与《规范》的差别进行调整修改。

ETABS 是开放软件，中文版中对中国规范设计参数提供了方便地修改功能[35]，如特征周期即可手工输入修改。对于地震作用的计算，既可在定义反应谱工况时与在 PKPM 软件中一样，对中国规范反应谱的地震影响系数最大值按等效值进行修改，也可以直接按《通则》对场地谱的规定来定义反应谱函数，但均应在反应谱中考虑结构影响系数；对于强柱系数、剪力增大系数等可在"修改覆盖项"菜单中按《通则》规定进行修改，ETABS 的修改功能强大，甚至可以只针对指定的构件进行设计参数设置。

综上所述，通过设计参数修改和图纸修改功能，现行常用设计软件可以被利用来按《通则》进行基于性态的抗震设计。这些软件可作为不同性态水准的方案选择、试算比较和设计方案优化的工具，在应用投资－效益准则优化时，根据结构方案可方便地计算出与取定的不同性态水准相应的结构初始造价，进而为业主决策提供依据，最终能根据结构用途、业主和使用者的特殊要求，在满足结构最低功能要求的情况下，实现对结构的性能水平和功能目标的个性化设计。需要指出，在用于施工图设计时需要注意对照《通则》规定对配筋和构造加以修正。

6.5.2.6　算例及其分析

某四层钢筋混凝土框架结构，结构平面和立面如图 6 - 18 和图 6 - 19 所示，结构混凝土强度等级均为 C20。抗震设防烈度 7 度（设计基本地震加速度值 A_{10} 为 $0.1g$），地震动参数区划为 2 区，Ⅱ类场地，特征周期分区为二区（设计地震为第二组），查《规范》得：$T_g = 0.4\mathrm{s}$（按照《通则》，$T_g = 0.34 \times 7/6 = 0.4\mathrm{s}$），结构影响系数 C 为 0.35。

（1）当该建筑为丙类建筑时，由于《通则》规定，$T_{MJ} = 50$ 年，不同地震危险性特征分区的抗震设防设计地震加速度都相同（$A = 0.1g$），按照《通则》不同性态要求下的建筑使用功能类别对应的抗震设计类别如表 6 - 5。采用结构影响系数考虑弹塑性地震作用，$C \times \beta_{max} \times A = 0.35 \times 2.25 \times 0.1$，约等于规范的 α_{max} 值 0.08，故按《通则》计算的地震作用与按《规范》计算的作用相当。采用

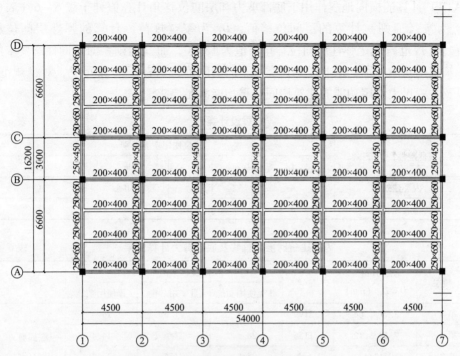

图 6-18 结构平面布置图（单位：mm）

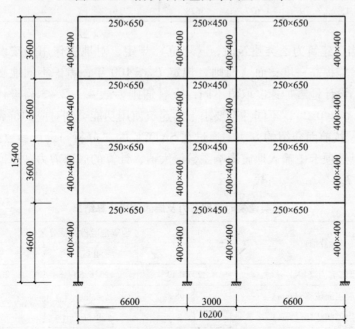

图 6-19 框架结构立面图（单位：mm）

137

SATWE 计算的横向地震作用下底部剪力和层间位移角计算值列于表 6 – 6（表中 D_G 为按《通则》计算的层间位移值，D_C 为按《规范》计算的弹性层间位移值）。《规范》规定弹性层间位移角限值为 1/550，而《通则》对不同性态要求的建筑使用功能类别，从 Ⅱ 类到 Ⅳ 类有不同的限值，从表 6 – 6 中可见，对《规范》以及 Ⅱ ～ Ⅳ 类使用功能的建筑层间位移均能满足要求。

抗震设计类别　　　　　　　　　　　　　表 6 – 5

地震危险性特征分区	建筑使用功能类别			
	Ⅰ	Ⅱ	Ⅲ	Ⅳ
丙类建筑	A	B	B	C
乙类建筑	A	C	C	D

丙类建筑时层间位移及底部剪力计算结果　　　　　表 6 – 6

楼层	层间位移 D_G/D_C（mm）	D_C/h	层间位移限值（mm）			备注
			Ⅱ类使用功能	Ⅲ类使用功能	Ⅳ类使用功能	
第 4 层	3.77/1.64	1/2199	28.8	21.6	14.4	
第 3 层	7.18/3.12	1/1155	28.8	21.6	14.4	底部剪力
第 2 层	10.12/4.4	1/819	28.8	21.6	14.4	1748.34kN
第 1 层	15.62/6.79	1/677	36.8	27.6	18.4	

（2）当该建筑为乙类建筑时，《规范》规定，对地震作用仍按设防烈度确定，抗震措施提高一度；而《通则》规定 $T_{MJ} = 100$ 年，考虑不同地震危险性特征分区后，设计地震加速度取值不同，查《通则》表 4.2.2 – 3 得设计地震加速度 A（$0.1 < A \leqslant 0.2$），不同性态要求下的建筑使用功能类别对应的抗震设计类别见表 6 – 5。按前面介绍的方法，通过在 SATWE 的"分析与设计参数补充定义"的地震信息选项卡中输入地震影响系数最大值，计算的底部剪力和层间位移结果列于表 6 – 7。

乙类建筑时底部剪力及层间位移计算结果　　　　表 6 – 7

计算值	地震危险性特征分区		
	Ⅰ区	Ⅱ区	Ⅲ区
底部剪力（kN）	2775.49	2316.55	2010.59
第 4 层层间位移（mm）	5.98	4.99	4.32
第 3 层层间位移（mm）	11.39	9.50	8.26
第 2 层层间位移（mm）	16.05	13.41	11.64
第 1 层层间位移（mm）	24.79	20.70	17.96

138

表6-7中可见，与丙类建筑相比，地震作用与层间变形都有增大。通过对比表中的层间位移限值，不同的地震危险性特征分区，对规定的建筑使用功能类别下最低性态要求的满足情况列于表6-8，表中"√"为满足要求，"×"为不满足要求，其中地震危险性特征Ⅲ区接近建筑使用功能Ⅳ类的限值。需要指出的是，配筋计算和构造设计需按表6-5中的抗震设计类别对照《通则》的要求进行。

可见，采用《通则》设计时，考虑的因素不再像《规范》中的单一，除不同性态要求的水准外，建筑的重要性（设防类别），地震危险性特征分区等因素都将影响设计。如果加上本算例中未考虑的其他因素，如《通则》中场地特征周期的细致划分，前述的结构影响系数非0.35的其他结构体系，《通则》中场地设计谱与《规范》的差别等，则最终的设计可能与按《规范》的设计有较大的差异。

不同建筑使用功能类别下最低性态要求的满足情况 表6-8

地震危险性特征分区	建筑使用功能类别		
	Ⅱ	Ⅲ	Ⅳ
Ⅰ区	√	√	×
Ⅱ区	√	√	×
Ⅲ区	√	√	√

6.5.3 既有建筑结构考虑损伤影响的性态评价方法

有关既有建筑使用过程中的经时损伤对结构抗震性能劣化影响的研究不多。由于地震序列的主震作用后，结构及其构件一般将遭受不同程度的损伤，从而导致余震的作用对象变成了有损伤的结构和构件，因此，对于震损结构抗震性能的研究在国内外得到了开展，取得了一定的研究成果。震损结构抗震性能研究成果能为既有建筑结构考虑损伤影响的抗震性能评价提供参考。

（1）震损结构性态抗震评价方法

FEMA273中将首个构件达到某一性态水准时取为对应的结构整体性态水准点。FEMA306-308系列报告中[36~38]，考虑地震震损后结构的抗震性能时，定义了残余变形 RD，刚度、强度和变形的修正系数分别为 λ_K、λ_Q、λ_D，以反映结构损伤对性态评价的影响，对不同损伤程度，给出了这些修正系数的数值。报告中还提出了采用不同抗震性能恢复方法（如裂缝灌浆，置换胀裂和松散的混凝土等）后，相应的刚度、强度和变形的修正系数为 λ_K^*、λ_Q^* 和 λ_D^*，并给出了相应的数值，使得FEMA报告具有很强的可操作性。图6-20对比了结构构件损伤前后受力性能。图6-21中反映了构件层次的损伤程度与修正系数的关系，可见构件刚度对损伤非常敏感，因此即使损伤较轻，刚度修正系数也需要调整，强度降低意味着发生了更显著的损伤，在相对严重损伤发生后，可接受的位移大小降低了。构件考虑损伤的性态水准见图 6-22。

图 6-20~图 6-22 中：

$$K' = \lambda_K K \tag{6-26}$$

$$Q_{CE}' = \lambda_Q Q_{CE} \tag{6-27}$$

$$IO' = IO - RD \tag{6-28}$$

$$LS' = \lambda_D LS - RD \tag{6-29}$$

$$CP' = \lambda_D CP - RD \tag{6-30}$$

欧进萍等[39]通过 3 组钢筋混凝土压弯构件的振动台主、余震模拟试验和周期性抗震静力试验，给出了建立震损压弯构件恢复力骨架曲线和随机主余震作用下结构层恢复力骨架曲线的一般方法，并通过与试验数据的对比验证了该方法的准确性。该方法认为，震损压弯构件的屈服位移 x_{ys} 接近构件位移时程的平均包络值，而屈服强度的下降由构件的滞回耗能和地震作用后构件的强度退化因子决定；对于屈服后位移和强度取值的原则是：极限位移 x_{us} 取为完好构件的极限位移值 x_u，极限强度的下降值取为屈服强度相同的下降值，震损压弯构件恢复力骨架曲线负刚度取完好构件曲线负刚度值，如图 6-23 所示，其中 f_{ys}、f_{us} 分别为震损压弯构件的屈服强度、极限强度。

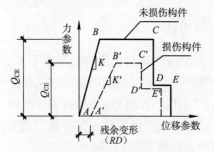

图 6-20 损伤前后结构构件荷载变形曲线对比图

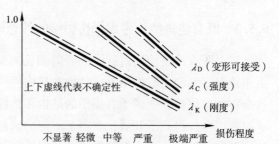

图 6-21 构件修正系数与损伤程度的关系

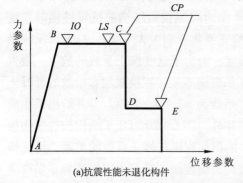

(a)抗震性能未退化构件

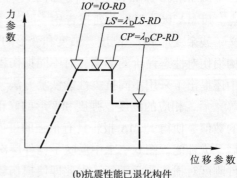

(b)抗震性能已退化构件

图 6-22 构件性态水准

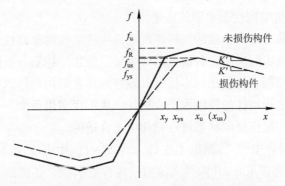

图 6 – 23　有损伤压弯构件恢复力骨架曲线的建立方法

（2）既有建筑结构对损伤的考虑

对于改造以前的既有建筑，由于存在性能劣化和各种损伤，在评价抗震性能方面，本书认为可以视为与震损建筑具有类似特点，进行考虑损伤的性态评价。可以采用本书第 2 章中考虑钢筋锈蚀混凝土劣化以及粘结退化的方法，进行典型结构的非线性分析，通过数值试验确定相应的刚度、强度和变形的 λ 修正系数取值。

（3）既有建筑结构性态分析方法

最新抗震鉴定标准[25]中，对既有建筑采用不同后续使用年限分类，分别采用不同的抗震鉴定方法。其中，后续使用期 30 年的建筑为 A 类建筑，抗震鉴定基本沿用 95 版鉴定标准的方法；后续使用期 40 年的建筑为 B 类建筑，抗震鉴定采用相当于 89 设计规范方法；后续使用期 50 年的建筑为 C 类建筑，抗震鉴定采用 01 版抗震设计规范的方法。根据这一思路，本书提出，当采用性态抗震评价方法进行弹塑性抗震性能评价时，与现行抗震鉴定标准相对应，也可以将既有建筑划分为 A、B、C 三类建筑，分类原则与抗震鉴定标准一致，但将复杂既有建筑结构归为 C 类建筑。

对于 A 类建筑，为方便操作，根据既有建筑结构损伤鉴定情况，确定相应的刚度、强度和变形的 λ 修正系数值，即可方便地按照 FEMA 方法（主要是 Pushover 方法）进行既有建筑性态抗震评价。

MPA 方法能很好地连接静力弹塑性推覆和动力弹塑性分析，它保留了静力弹塑性分析的优点，能对不同阶段局部薄弱环节进行评判，还能对结构破坏机制进行分析。本书第 2 章已经提出了考虑钢筋锈蚀的静力非线性建模和分析方法，第 4 章和第 5 章对典型杆系结构加固和墙体加固静力非线性分析研究的成果都可以方便地应用于 MPA 方法当中。因此，建议对 B 类建筑适当考虑除 1 阶以外的其他模态的影响，采用 MPA 进行非线性反应分析，具体建模和分析方法在此不再赘述。对于 C 类建筑和当需要考虑地震作用的随机性以及需要重点分析大震和巨震下结构整体抗震安全性（特别是抗整体倒塌能力）的其他建筑，采用 MIDA 方法进行分析和评价。

（4）既有建筑结构性态水准的定量描述

由于采用承载力作为单独的指标难以全面描述结构的非弹性性能，而用能量和损伤指标又难以实际应用，目前，国外主要以位移指标划分极限状态，对结构的抗震性能进行控制。位移指标不仅可以较好地体现结构构件的损伤程度，而且可以用来控制非结构构件的性能水平，此外，从工程实用角度，采用位移指标来对各种性能水准的损伤极限状态进行量化也是合适的。

FEMA 系列报告中[30, 40]提出了立即入住 S-1、生命安全 S-3、防止倒塌 S-5 和不考虑性态要求 S-6 四种离散型结构性态水准，还提出了二种中间结构性态水准范围即损伤控制阶段 S-2 和极限安全阶段 S-4，以方便有其他要求的用户定制其维修目标。非结构性态水准分五种：运行的非结构性态水准 N-A、立即入住非结构性态水准 N-B、生命安全非结构性态水准 N-C、降低灾害的非结构性态水准 N-D 和不考虑非结构性态水准的 N-E。表 6-9 中给出了抗侧力体系常用竖向构件的结构性态水准和损伤极限状态之间的关系。

混凝土与砌体结构竖向构件结构性态水准与损伤　　　　　　　表 6-9

结构类型	类型	结构性态水准		
		防止倒塌 S-5	生命安全 S-3	立即入住 S-1
混凝土框架	主要构件	普遍开裂，延性构件中形成塑性铰。一些非延性柱中出现一定宽度裂缝和连接破坏。短柱出现严重破坏	梁普遍破坏。延性柱出现保护层剥落，出现宽度<3.2mm 的剪切裂缝。非延性柱则保护层剥落较小。节点裂缝宽度<3.2mm	出现细小裂缝。局部可能出现有限的屈服。无压溃现象（即压应变低于0.003）
	层间侧移比	4% 永久性和暂时性	2% 暂时性，1% 永久性	1% 暂时性，可忽略的永久性
混凝土剪力墙	主要构件	较大的弯曲、剪切裂缝和孔洞。节点出现滑移。受压破坏区进一步扩展及钢筋屈曲。洞口周围出现破坏。边缘构件破坏严重。连梁破损甚至完全折断	一些边缘构件受力加重，出现有限的钢筋弯曲。一些节点滑移。洞口处出现损伤。出现受压和弯曲裂缝。连梁：普遍出现剪切和弯曲裂缝，受压裂缝部分存在，但混凝土一般仍在原位	墙体出现较少的细小裂缝，宽度<1.6mm。连梁裂缝<3.2mm
	层间侧移比	2% 暂时性或永久性	1% 暂时性，0.5% 永久性	0.5% 暂时性，可忽略的永久性
未配筋砌体剪力墙	主要构件	普遍出现受压裂缝。洞口边缘和转角处破坏。一些块材脱落	普遍出现裂缝。明显出现平面内偏移和少数平面外偏移	装饰层出现较少裂缝（<3.2mm）。少数洞口转角处的装饰层剥离。未见平面外偏移
	层间侧移比	1% 暂时性或永久性	0.6% 暂时性和永久性	0.3% 暂时性和永久性

续表

结构类型	类型	结构性态水准		
		防止倒塌 S－5	生命安全 S－3	立即入住 S－1
配筋砌体剪力墙	主要构件	普遍出现受压裂缝。洞口边缘和转角处破坏。一些块材脱落	宽度＜6.4mm 的裂缝沿墙体广泛分布。某些地方形成受压独立体	较少的裂缝（＜3.2mm）。未见平面外偏移
	层间侧移比	1.5% 暂时或永久性	0.6% 暂时性和永久性	0.2% 暂时性和永久性

建筑的性态是结构性态和非结构性态的组合。FEMA 系列报告中采用由结构性态水准数字和非结构性态水准字母共同组成（如 1－B、3－C 等）的目标房屋性态水准（target building performance level），以满足结构和非结构构件的要求。对采用给定的水平修复后，FEMA 提出房屋的结构和非结构损伤的近似极限水平的性态描述，见表 6－10。

损伤控制及建筑性态水准 表 6－10

整体损伤	防止倒塌 5－E 严重	建筑目标性态水准 生命安全 3－C 中等	立即入住 1－B 轻	运行 1－A 非常轻
总体上	剩余刚度和强度小，但承重柱和墙仍起作用。永久层间位移大。一些出口阻塞。填充和没有支撑的矮墙失效或接近失效。建筑接近倒塌	各层残余部分强度和刚度。承重构件起作用。无墙体出平面破坏或矮墙倾倒，隔断损伤。存在一些永久层间位移。建筑可能超出经济维修	无永久层间位移。结构充分保持原来的强度和刚度。立面、隔断、天花板以及结构构件的裂缝小。电梯能重新启动。火灾防护可以运行	无永久层间位移。结构充分保持原来的强度和刚度。立面、隔断、天花板以及结构构件的裂缝小。体系所有与正常操作的重要部件都可运行
非结构部件	普遍受损	坠落危险减轻，但建筑、机械和电气系统受损	设备和总体安全，但可能由于机械破坏或者失效	可忽略的损伤。能源和其他设备（可能采用备用的）可用
与采用 NEHRP 设计房屋的性态比较	损伤明显加大，风险较大	损伤稍大，风险稍大	较少的损伤和较低风险	更少的损伤和较低风险

（5）既有建筑结构性态目标

确定适合加固改造后结构的性态目标是基于性态抗震理论在加固改造结构中应用的前提与基础。加固改造结构的性态目标（performance objectives）是指在一定超越概率的地震发生时结构所期望的最大破坏程度，是对建筑物在每一个设计地震水平下所要求达到的性态水准的总和[41]。实际上，我国现行抗震规范[42]提出的多遇地震、设防地震和罕遇地震下不坏、可修和不倒也可视为性态目标。

《通则》提出了按建筑使用功能划分的性态目标，并指出既有建筑改、扩建部分应符合新建建筑结构的要求，故此，《通则》性态目标的指标可以作为加固后房屋建筑的参考。

综合有关研究，本书建议以结构层间位移和结构构件变形作为性态目标进行评价。表 6-11 列出了既有混凝土建筑结构在不同阶段的层间位移性能指标，构件性态目标建议采用 FEMA 和 ASCE[30, 31] 给出的值，详见相关文献。

既有混凝土建筑结构在不同阶段的层间位移性态指标[29]　　表 6-11

结构类型	性态水平			
	OP（充分运行）	IO（立即入住）	LS（生命安全）	CP（防止倒塌）
单层钢筋混凝土柱排架	0.2%	1%	3%	4%
钢筋混凝土框架	0.2%	1%	2%	4%
钢筋混凝土框架 - 抗震墙、板柱 - 抗震墙、框架 - 核心筒	0.125%	0.625%	1.25%	2.5%
钢筋混凝土抗震墙、筒中筒	0.1%	0.5%	1%	2%
钢筋混凝土框支转换层	0.05%	0.25%	0.5%	1%

图 6-24 是既有建筑结构考虑损伤影响的性态评价框图。需要说明的是，限于篇幅，本章以混凝土结构为讨论的对象，但其思路同样适用于钢结构、钢-混凝土组合结构以及砌体结构。

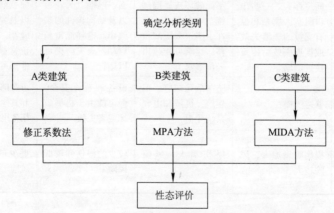

图 6-24　既有建筑结构考虑损伤影响的性态评价框图

6.6　小结

本章研究了地震动记录选取对增量动力分析结果的影响，提出了通过 MIDA 方法实现静力非线性模型和动力非线性分析融合的思路，开发了实现技术；归纳总结了针对既有结构损伤特点的性态评价方法，扩展了基于性态抗震框架体系，得到的主要结论有：

（1）建议首选 FEMA－450（2003）法规定特征周期的计算方法选取地震波进行 IDA 分析，同时可以采用其他三种方法对 IDA 分析结果进行进一步的分析和修正。

（2）通过将 MIDA 引入到既有建筑结构中并进行实现，将前面讨论的典型加固前和加固后既有建筑结构都纳入 IDA 分析体系之中。MIDA 方法能对加固后结构从结构整体层次进行评价，能用于抗震加固结构在中震、大震甚至巨震下结构反应的预测，同时可以对加固方案进行直观的评价和比选。

（3）算例分析表明，采用 IDA 方法对外包钢加固后框架结构进行抗震性能评价是可行的，基于 MIDA 能得到比较准确的分析结果，计算时间大大降低，在计算成本的节约上有着非常突出的优势。

（4）MIDA 方法中，对模态推覆曲线可以采用理想二折线化；对外包钢加固框架的算例分析表明，采取通用的反向加载指向最大位移点的 Clough 滞回模型，能得到满意的 MIDA 分析结果；通过对比不同滞回参数，发现卸载刚度对分析结果有较大的影响，本书建议在对 modal SDOF 定义滞回规则时，采用不考虑卸载刚度退化的滞回模型。

（5）对于加固后的既有结构，建议适当考虑除 1 阶以外的其他模态的影响，采用 MPA 进行非线性反应分析。当需要考虑地震作用的随机性以及需要重点分析大震和巨震下结构整体抗震安全性（特别是抗整体倒塌能力）时，采用 MIDA 方法进行分析和评价。

参考文献

［1］Bertero V. V. Strength and Deformation Capacities of Buildings Under Extreme Environments ［J］. Structural Engineering and Structural Mechanics. 1977, 2: 60－71.

［2］C. Allin Cornell, Fatemeh Jalayer, Ronald O. Hamburger, Douglas A. Foutch. Probabilistic Basis for 2000 Sac Federal Emergency Management Agency Steel Moment Frame Guidelines ［J］. Journal of Structural Engineering. 2002, 128 (4): 526－533.

［3］FEMA. Fema350 Recommended Seismic Design Criteria for New Steel Moment－Frame Building ［R］. Washington, D. C.: Federal Emergency Management Agency, 2000.

［4］SAC Joint Venture. Fema351 Recommended Seismic Evaluation and Upgrade Criteria for Existing Welded Steel Moment－Frame Buildings ［R］. Washington, D. C.: Federal Emergency Management Agency, 2000.

［5］Massood Mofid, Panam Zarfam, Babak Raiesi Fard. On the Modal Incremental Dynamic Analysis ［J］. The Structural Design Of Tall And Special Buildings. 2005, 14 (4): 315－329.

［6］Sang Whan Han, Anil K. Chopra. Approximate Incremental Dynamic Analysis Using the Modal Pushover Analysis Procedure［J］. Earthquake Engineering And Structural Dynamics. 2006, 35（4）: 1853 – 1873.

［7］Applied Technology Council. Effects of Strength and Stiffness Degradation On Seismic Response（Fema P440a）［R］. Redwood City, California: Federal Emergency Management Agency, 2009.

［8］Dimitrios Vamvatsikos. Seismic Performance, Capacity and Reliability of Structures as Seen through Incremental Dynamic Analysis［D］:［博士学位论文］. California: Stanford University, 2002.

［9］Applied Technology Council. Quantification of Building Seismic Performance Factors（Fema P695）［R］. Redwood City, California: Federal Emergency Management Agency, 2009.

［10］汪梦甫, 曹秀娟, 孙文林. 增量动力分析方法的改进及其在高层混合结构地震危害性评估中的应用［J］. 工程抗震与加固改造. 2010, 32（01）: 104 – 109.

［11］K. Chopra Anil. A Modal Pushover Analysis Procedure to Estimate Seismic Demands for Unsymmetric – Plan Buildings［J］. Earthquake Engineering & Structural Dynamics. 2004, 33（8）: 903 – 927.

［12］Anil K. Chopra, Rakesh K. Goel. A Modal Pushover Analysis Procedure to Estimate Seismic Demands for Buildings: Theory and Preliminary Evaluation［R］. Berkeley: Pacific Earthquake Engineering Research Center, University of California Berkeley, 2001.

［13］吕西林. 复杂高层建筑结构抗震理论与应用［M］. 科学出版社, 2007.

［14］Anil K. Chopra, Rakesh K. Goel, Chatpan Chintanapakdee. Statistics of Single – Degree – of – Freedom Estimate of Displacement for Pushover Analysis of Buildings［J］. Journal of Structural Engineering. 2003, 129（4）: 459 – 469.

［15］Anil K, Chopra. Dynamics of Structures: Theory and Applications to Earthquake Engineering（Second Edition）［M］. 北京: 清华大学出版社, 2005.

［16］Anil K. Chopra, Rakesh K. Goel. A Modal Pushover Analysis Procedure to Estimate Seismic Demands for Unsymmetric – Plan Buildings : Theory and Preliminary Evaluation［R］. Berkeley: Pacific Earthquake Engineering Research Center, University of California Berkeley, 2001.

［17］Curt B. Haselton, Christine A. Goulet, Judith Mitrani – Reiser, James L. Beck. An Assessment to Benchmark the Seismic Performance of a Code – Conforming Reinforced Concrete Moment – Frame Building［R］. Berkeley: Pacific Earthquake Engineering Research Center, 2007.

［18］Luis F. Ibarra1, Ricardo A. Medina, Helmut Krawinkler. Hysteretic Models that Incorporate Strength and Stiffness Deterioration［J］. Earthquake Engineering & Structural Dynamics. 2005, 34: 1489 – 1511.

［19］梁兴文, 叶艳霞. 混凝土结构非线性分析［M］. 北京: 中国建筑工业出版社, 2007.

［20］王克海. 桥梁抗震研究［M］. 北京: 中国铁道出版社, 2007.

［21］Applied Technology Counci l（ATC – 33 Project）. Fema Publication 273 Nehrp Guidelines for the Seismic Rehabilitation of Buildings［R］. Washington, D. C.: BSSC, 2006.

［22］Hossein Azimi, Khaled Galal, Oskar A. Pekau. Incremental Modified Pushover Analysis［J］. The Structural Design Of Tall And Special Buildings. 2008（4）.

［23］Dimitrios Vamvatsikos, C. Allin Cornell. Applied Incremental Dynamic Analysis［J］. Earthquake Spectra. 2004, 20（2）: 523 – 553.

［24］SAC Joint Venture. Fema352　Recommended Postearthquake Evaluation and Repair Criteria for Welded Steel Moment – Frame Buildings［R］. Washington, D. C.: Federal Emergency Management Agency, 2000.

［25］中华人民共和国建设部. GB 50023 – 2009　建筑抗震鉴定标准［S］. 北京: 中国建筑工业出版社, 2009.

［26］中国建筑科学研究院. JGJ 116 – 2009　建筑抗震加固技术规程［S］. 北京: 中国建筑工业出版社, 2009.

［27］中华人民共和国建设部. GB50011 – 2010　建筑抗震设计规范［S］. 北京: 中国建筑工业出版社, 2010.

［28］A. Ghobarah. Seismic Assessment of Existing Rc Structures［J］. Prog. Struct. Engng Mater. 2000, 2: 60 – 71.

［29］黄超，季静，韩小雷等．基于性能的既有钢筋混凝土建筑结构抗震评估与加固技术研究［J］．地震工程与工程振动．2007，27（5）：72－79．

［30］FEMA，ASCE．Fema 356 Prestandard and Commentary for the Seismic Rehabilitation of Buildings［R］．Washington，D. C.：Federal Emergency Management Agency，2000．

［31］ASCE 41．ASCE 41－06 Seismic Rehabilitation of Existing Buildings［S］．2006．

［32］中国地震局工程力学研究所等．CECS160：2004 建筑工程抗震性态设计通则［S］．北京：中国计划出版社，2004．

［33］谢礼立．论《建筑工程抗震设计导则》的编制思想［J］．铁道勘察．2004，3：1－5．

［34］张宇鑫．Pkpm 结构设计应用［M］．上海：同济大学出版社，2006．

［35］北京金土木软件技术有限公司，中国建筑标准设计研究院．Etabs 中文版使用指南［M］．北京：中国建筑工业出版社，2004．

［36］Applied Technology Council．Evaluation of Earthquake Damaged Concrete and Masonry Wall Buildings：Basic Procedures Manual（Fema 306）［R］．Federal Emergency Management Agency，1998．

［37］The Applied Technology Council．Evaluation of Earthquake Damaged Concrete and Masonry Wall Buildings（Fema 307）［R］．Redwood City，California：，1998．

［38］Repair of Earthquake Damaged Concreteaand，Masonry Wall Biuildings（Fema－308）［R］．Redwood City，California，1998．

［39］欧进萍，吴波．有损伤压弯构件的恢复力试验研究及其应用［J］．建筑结构学报．1995，16（6）：21－29．

［40］Applied Technology Counci l（ATC－33 Project）．Fema Publication 274 Nehrp Commentary On the Guidelines for the Seismic Rehabilitation of Buildings［R］．Washington，D. C.：BSSC，1997．

［41］谢礼立，马玉宏，翟长海．基于性态的抗震设防与设计地震动［M］．北京：科学出版社，2009．

［42］中华人民共和国建设部，国家质量监督检验检疫总局．GB 50011－2001 建筑抗震设计规范［S］．北京：中国建筑工业出版社，2002．

第7章 加固改造后结构弹塑性地震反应分析算例

7.1 基于纤维模型的外包钢加固混凝土框架结构弹塑性分析

7.1.1 工程概况

某 7 层带外挑走廊的框架结构教学楼，结构平面和立面图分别见图 7 - 1（a）和图 7 - 1（b）。框架柱截面尺寸 400mm × 400mm，配 12 ⏀ 25HRB335 钢筋，箍筋 φ8@200，梁截面尺寸 600mm × 200mm，上下各配 4 ⏀ 25HRB335 钢筋，箍筋 φ6@200。混凝土强度为老标号 200，相当于 C18。经验算，②③轴底层柱轴压比过大，且弹塑性分析发现底层①轴在大震下层间位移角超限，需进行加固。提出的加固方案之一为对①～⑤轴底层梁柱采用湿式外包钢加固，表 7 - 1 中列出了可能采取的 6 种不同加固方式，其中柱加固缀板均采用 - 75 × 6，梁缀板 - 50 × 6，间距均为 200mm。采用本书提出的静力弹塑性分析方法，编写了程序，对该方案进行评价。由于结构平面规则，选取其中一榀框架进行分析。分析中，材料强度采用标准值，首先施加重力荷载代表值，推覆分析水平加载采用倒三角模式，在图 7 - 1（b）中从左向右推覆，取顶层梁端结点位移作为结构顶点位移。

框架加固方式及层间位移角1/50时的基底剪力和顶点位移　　表 7 - 1

加固方案	加固措施	D_{top}（mm）	V_{Base}（kN）
case1	未加固	329.054	260.3134
case2	底层柱 L75 ×6 梁 L50 ×6 加固	305.674	299.9682
case3	底层柱 L75 ×6 加固	313.502	290.679
case4	底层柱梁均用 L50 ×6 加固	308.293	299.4149
case5	底层柱 L50 ×6 加固	316.131	288.701
case6	底层柱 L80 ×7 梁 L50 ×6 加固	305.626	300.8009
case7	底层柱 L80 ×7 加固	313.449	292.5587

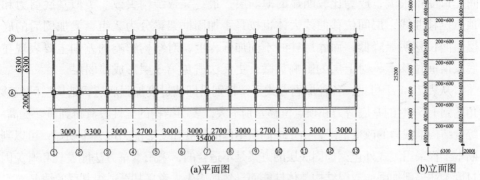

(a)平面图　　　　(b)立面图

图 7 – 1　算例框架结构简图（单位：mm）

7.1.2　静力非线性分析结果及讨论

（1）基底剪力与顶点位移关系

表 7 – 1 中未加固和加固框架的推覆基底剪力与顶点位移曲线对比如图 7 – 2 所示。可见，外包钢加固底层梁柱后，结构初始刚度增加不多，结构承载能力得到了一些提高，但提高程度有限；加固底层框架梁后对结构整体的刚度和结构水平承载能力有影响，加固梁后刚度和承载能力都有所提高；柱的不同加固方式对推覆初期结构性能影响不大，但会影响结构卸载点的位置，而结构卸载与结构中相对薄弱部位的演化发展有关。

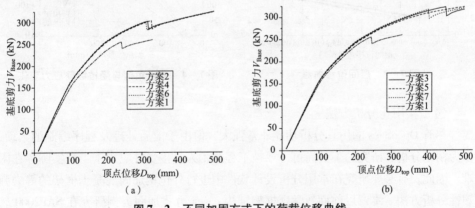

（a）　　　　　　　　　　　　（b）

图 7 – 2　不同加固方式下的荷载位移曲线

（2）层间位移

按表 7 – 1 所列不同加固方式进行静力弹塑性分析，结构某层层间位移角刚好达到规范规定的 1/50 时框架层间位移角曲线绘于图 7 – 3，此时的基底剪力和顶部位移列于表 7 – 1。图 7 – 3 中可见，对底层外包钢加固后，在这一特定状态下，结构层间位移状况发生重大改变，底层层间位移大大降低的同时，第 3 层层间变形变得很大，成为比较明显的薄弱层，最终导致结构失效。类似基底剪力和顶点位移曲线，层间位移曲线大体也按是否加固框架梁分为 2 组，梁加固后的底层层间位移明显降低，而底层柱的不同加强程度，对结构影响的差别主要表现在底层层间位移上，对上层的影响甚微，更无法避免第 3 层形成薄弱层。

从表 7-1 中可见，各种加固方式下，特别是即使过度加强底层，结构层间位移角达到 1/50 时的基底剪力和顶点位移差别不大，表明结构的延性没有得到显著提高。综合结构承载力的改变情况，由于加固后结构的强度和变形能力改善不明显，可以判断本工程采用湿式外包钢加固底层的方案是不适合的，采用本章方法能发现和避免因过度关注局部加强，忽视结构整体性能而导致加固失去意义甚至适得其反的情况。

（3）外包钢与受力主筋应力监测

Case3 加固方式下，底层柱脚处外包钢和受拉钢筋推覆全过程的应力如图 7-4 所示。可以看到，右边柱（有挑廊）由于轴压大，比左柱后屈服。外包钢柱首先外包角钢屈服，随着推覆力的加大，纵筋屈服。

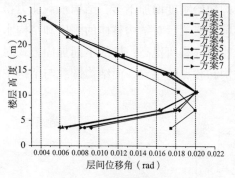

图 7-3　层间位移曲线

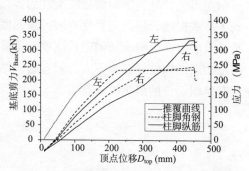

图 7-4　外包角钢与受拉纵筋应力变化

（4）实用化分析方法

尽管 OpenSees 的仿真分析功能非常强大，但由于前后处理及程序编制的繁琐，作为精细分析和研究的工具尚可，要被工程技术人员接受并应用于工程实际存在困难，因此，有必要研究在常用分析设计软件中进行外包钢加固混凝土框架的静力弹塑性分析方法。本章以前面教学楼框架结构 case3 方式加固为例研究在 SAP2000 软件中分析的方法，其他常用软件中可类似处理。需要指出的是，本章分析以获得能力曲线为目的，这之后通过 ATC40 的能力谱方法或 FEMA356 的目标位移法，最后评价结构抗震性能，由于在现有软件中可以方便实现，限于篇幅，不作讨论。

1）截面分析

截面分析能获得定义塑性铰所需的屈服弯矩、最大弯矩和最大曲率等截面恢复力参数点。众所周知，轴力对截面弯矩曲率关系影响很大，轴力弯矩存在相关性，结构在水平力推覆作用下，柱轴力不断变化，是变轴力问题。但由于结构塑性发展后，轴力变化趋缓，而考虑中、大震作用下的静力弹塑性分析关注的也是塑性发展后的结构性能，因此，采用本章纤维模型截面分析程序，选取结构塑性开展后的左右柱两个轴压力代表值 17.37kN 和 1769.3kN 进行截面分析，得到的弯矩曲率关系如图 7-5 所示。

观察弯矩曲率关系发现，外包钢屈服时截面塑性不如纵筋屈服后发展充分，进一步简化时可以将纵筋屈服弯矩作为截面屈服弯矩。通过 ABCDE 等关键参数点的确定得到简化的截面恢复力曲线，在曲线上定义 IO、LS、CP 等性态水平参数点后可以进行基于性态抗震分析和设计。本书认为，截面分析也可以采用其他程序，关键是约束混凝土本构关系的选取和参数的合理设置。

外包钢加固后，梁柱刚度得到提高，加固后刚度采用混凝土结构加固规范[1] 中的公式计算：

$$EI = E_{co}I_{co} + 0.5E_aA_aa_a^2 \qquad (7-1)$$

其中 E_{co}、I_{co}——分别为原构件混凝土弹性模量和截面惯性矩；

E_a、A_a、a_a——分别为外包钢弹性模量，面积及拉压两侧外包钢形心间的距离。

将计算得到的刚度提高系数在定义截面时输入。

2）模型建立

对框架梁和加固后的柱采用用户定义铰，铰属性来自截面分析，未加固柱采用 Auto pm3 铰，梁柱都采用 2 点集中塑性铰模型。其中，外包钢加固柱根据截面分析得到与不同轴力相对应的一系列屈服弯矩，形成 pm3 相关曲线，再定义代表性的轴力作用下的弯矩曲率关系。

3）分析结果的对比

静力弹塑性分析得到的荷载位移曲线如图 7-6 所示。可见，与纤维模型推覆曲线相当接近，能够反映结构整体性能。再观察底层柱底部两个塑性铰出铰时结构顶点位移分别是 349.85mm 和 470.76mm，与纤维模型钢筋屈服时结构位移 359.23mm 和 437.98mm 比较接近，因此也能反映底层局部部位性能，表明这种实用分析方法是可行的。

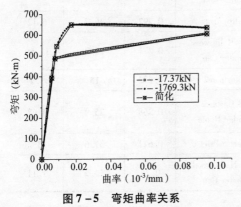

图 7-5 弯矩曲率关系   图 7-6 与 SAP2000 分析结果的对比

7.1.3　MIDA 及其结果分析

对外包钢加固混凝土框架结构按第 6 章 MIDA 方法进行动力弹塑性分析，建模时阻尼采用经典 Rayleigh 阻尼，阻尼比取 5%。

（1）输入地震动

本书分析的框架结构所在的 II 类场地土，其特性与按照美国地质勘测中心（USGS）对场地土的划分的 S2 场地接近，故从 PEER 强震记录数据库[2]中的 S2 场地选取了 10 条强震记录（见表 7-2）作为 IDA 分析的地震动输入。

（2）MPA 分析

通过模态分析得到前 3 阶模态，如图 7-7 所示，对前 3 阶模态推覆曲线与倒三角形侧力 Pushover 曲线进行对比，如图 7-8 所示，图 7-7 中可见，对于本实例，第 1 阶模态推覆与倒三角形侧力分布 Pushover 曲线相当接近，1 阶模态起主导作用。相对模态参与重量分别为：$\dfrac{G_1}{G} = 0.794$，$\dfrac{G_2}{G} = 0.11$，$\dfrac{G_3}{G} = 0.044$，均大于 1%，且 $\dfrac{\sum\limits_{j=1}^{3} G_j}{G} = 0.95 \geqslant 90\%$。对模态推覆曲线进行二折线化，如图 7-9 所示。

输入强震记录参数　　　　　　　　　　　　　　表 7-2

编号	地震名称	记录站	PGA（g）	PGV (cm·s⁻¹)	PGD（cm）
1	Friuli, Italy 1976 /09 /15 03：15	8014 Forgaria Cornino	0.26	9.3	1.07
2	Landers 1992 /06 /28 11：58	22170 Joshua Tree	0.274	27.5	9.82
3	Liver more 1980 /01 /27 02：33	57T02 Livermore2 Morgan Terr Park	0.252	9.8	1.3
4	Loma Prieta 1989 /10 /18 00：05	58235 Saratoga2 W Valley Coll	0.255	42.4	19.55
5	Morgan Hill 1984 /04 /24 21：15	57383 GilroyArray #6	0.292	36.7	6.12
6	Northridge 1994 /01 /17 12：31	90009 N. Holly wood2 Coldwater Can	0.271	22.2	11.69
7	Parkfield 1966 /06 /28 04：26	1438 Temblor p re2 1969	0.272	15	3.4
8	San Fernando 1971 /02 /09 14：00	24278 Castaic2 Old Ridge Route	0.268	25.9	4.67
9	Victoria, Mexico 1980/06/09 03：28	6604 Cerr o Priet o	0.621	31.6	13.2
10	Whittier Narrows 1987 /10 /01 14：42	90009 N Holly wood2 Coldwater Can	0.25	14.3	1.11

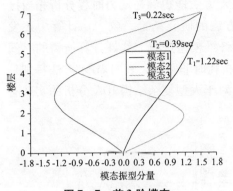

图7-7 前3阶模态

图7-8 模态推覆曲线与Pushover曲线对比

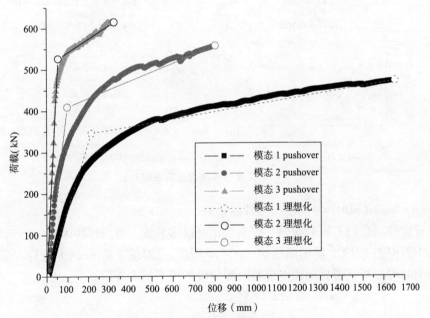

图7-9 模态推覆曲线及理想化

（3）单条地震记录下MIDA方法与纤维模型的动力时程分析结果的对比验证

下面的讨论以表7-2中的Joshua Tree地震记录输入为例。为计算强震下结构进入弹塑性时的反应，对峰值加速度调幅为2000cm/s²。对加固后外包钢框架基于纤维模型进行动力时程分析，计算时间为10秒，得到的顶点位移时程曲线与采用前3阶ESDOF分析的顶点时程曲线（图中各阶ESDOF顶点位移已经转化为相应MSDOF的顶层位移），如图7-10所示。

前3阶模态顶点最大位移组合后与纤维模型分析的顶点最大位移相差6.7%，最大层间位移角采用纤维模型计算值为0.046，而采用MIDA经SRSS

组合后的计算值为 0.043。可见，采用 MPA 方法能得到与动力时程分析相当接近的分析结果，这一点与新建结构 MPA 方法的研究结论一致[3]。计算中还发现，当结构进入到弹塑性阶段以后，采用纤维模型进行非线性计算所需的时间增加很多，而采用 ESDOF 进行动力时程分析耗时非常短，表明 MPA 方法特别是 MIDA 方法在计算成本上有着很强的优势，对于大型复杂结构 IDA 分析的实现有着重要意义。

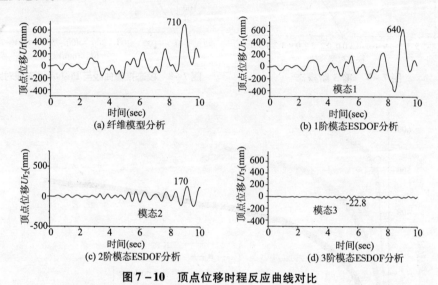

图 7-10 顶点位移时程反应曲线对比

（4）Modal SDOF 滞回模型参数的影响

设置滞回规则不同的捏缩、刚度退化及损伤参数，考虑这些因素的影响（相应的 1 阶模态 ESDOF 滞回曲线如图 6-14 所示），对前 3 阶 ESDOF 进行"巨震"下动力时程分析，得到的顶点位移时程曲线如图 7-11 所示。

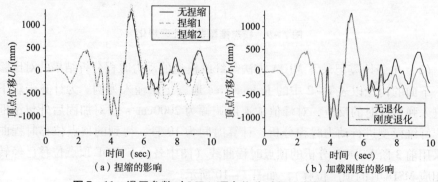

图 7-11 滞回参数对 MPA 顶点位移时程反应曲线的影响

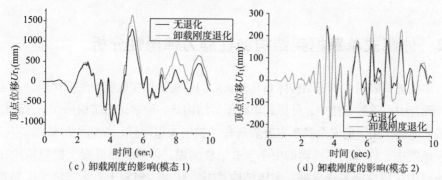

（c）卸载刚度的影响(模态 1)　　　　（d）卸载刚度的影响(模态 2)

图 7–11　滞回参数对 MPA 顶点位移时程反应曲线的影响（续）

图 7–11 中可见，在大变形时，不同程度捏缩效应虽然对 ESDOF 的时程曲线有一定的影响，但由于对位移峰值的影响并不太大，最终对 MPA 的结果影响也不显著。加载刚度退化的影响也与此类似。卸载刚度退化对位移峰值产生较大的影响，最终对 MPA 的结果影响较明显。因此，为获得比较准确的 MPA 结果，对于 ESDOF 定义滞回规则时可以不考虑卸载刚度的退化。

（5）MIDA 分析结果

IDA 曲线的 IM 参数由变化 10 条地震波的峰值加速度（PGA）来定义，DM 参数采用最大层间位移角 θ_{max}。

MIDA 方法得到的 IDA 曲线（其中 θ_{max} 对应为第 3 层的最大层间位移角）如图 7–12 所示。将加固前后经统计的 IDA 曲线绘在同一图中（图 7–12b），可以非常直观地看到加固前后结构抗震性能的差别。本算例中，PGA 在低于 $400\mathrm{cm/s^2}$ 时，加固前后 16%，50% 和 84% 三条 IDA 统计曲线相差很小，PGA 在高于 $400\mathrm{cm/s^2}$ 时，最大层间位移角还有偏大的趋势。可见，本加固方案并不合适，该结论与基于静力弹塑性分析的结论是一致的。

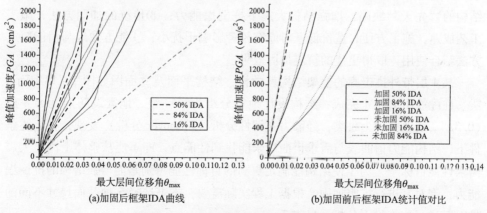

(a)加固后框架IDA曲线　　　　　(b)加固前后框架IDA统计值对比

图 7–12　加固前后框架结构 IDA 曲线对比

7.2 外廊式单跨框架结构加柱静力弹塑性分析

多次地震表明，本身结构体系具有缺陷的结构往往在地震中受损严重，甚至倒塌。既有中小学教学楼中，外廊式单跨框架结构是一种常见的结构形式，这种结构体系在地震作用下的安全隐患主要表现在"横向头重脚轻，纵向无所依靠"[4]。汶川大地震中，许多砌体结构的中小学教学楼倒塌，虽然钢筋混凝土框架结构在此次地震中抗震性能表现良好，主体结构基本完好[5]，但对于外廊式单跨框架教学楼结构，外廊挑长一般接近或超过 2m，受到竖向地震作用的影响；挑梁下部未设构造柱时，下部窗间墙受损较重；横向偏心受力，外廊侧倾覆力矩大[6]，因而在地震作用下，由于自身结构存在缺陷，外廊式单跨框架教学楼结构局部损伤或填充墙破坏比较严重，甚至结构倒塌。为了提高校舍在地震作用下的安全性，保护广大师生的生命与财产安全，有必要对此类结构进行抗震加固。

本书以江苏某中学外廊式单跨教学楼结构为算例，针对采用单跨悬挑外廊改为双跨的抗震加固方案进行静力弹塑性分析。

7.2.1 外廊式单跨框架结构加柱加固方案

外廊式单跨结构结构冗余度少[7]，受地震作用时倾覆力矩很大，外廊一侧柱受到的轴力和弯矩都较大，此外，悬挑外廊在地震时会受到竖向地震作用，这些作用对结构都不利。

采用单跨悬挑外廊改为双跨的加固方法，即在原挑梁端部另加一根柱，使结构横向梁成为三点支承，改变单跨体系。该加固方法的优点是：①对整体结构体系的改造，并非局部加固补强；②通过增加结构冗余度，可弥补或消除单跨框架结构的"先天"缺陷，增强结构大震下抗倒塌能力；③传统的加固方法，施工工艺成熟，施工方便，造价低，对原有校舍影响干扰小；④能方便地与消能减震方法结合使用，取得更优的抗震加固效果。

某4层带外挑走廊的框架结构教学楼，结构平面及立面图如图 7-13 所示，梁、柱配筋由 PKPM 完成。结构设计地震分组为第一组，地震设防烈度为 8 度（$0.3g$），场地类别为Ⅲ类，经静力弹塑性分析（pushover 分析）发现，在上述条件下，结构能力谱曲线与需求谱曲线未能找到性能点，即不能从整体上满足大震需求性能目标[8]，为了使结构能满足更高的目标性能特别是能增强结构的抗倒塌能力，需对其进行抗震加固。根据工程实际需要，本书选择 5 种截面尺寸不同的柱对其进行抗震加固分析，见表 7-3。

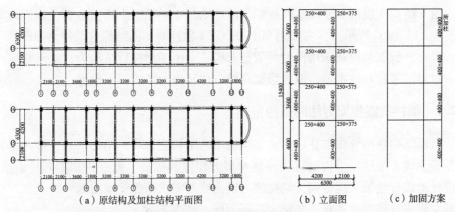

（a）原结构及加柱结构平面图　　　（b）立面图　　（c）加固方案

图7－13　框架结构布置图及加固方案示意图（单位：mm）

对原结构进行加固时，挑梁从悬臂梁变成两端约束支承梁，需对节点进行处理，即凿掉原挑梁的一部分，重新布置新增柱与挑梁结点处的钢筋，以加强加柱后结构的整体性，如图7－14所示。

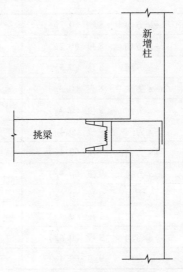

图7－14　节点方案图

所选柱截面尺寸及其配筋　　　　　　　　　　　　　　表7－3

加柱编号	柱截面尺寸（mm）	柱配筋（HRB335 钢筋）
1	200×200	4 ⌀25
2	300×300	8 ⌀25
3	400×400	14 ⌀25
4	500×500	16 ⌀25
5	600×600	18 ⌀25

由于结构4层部分平面结构规则，故选取其中一榀框架进行分析，加固方案如图7-13（c）所示。本书采用 MIDAS/GEN 软件对加固结构进行静力弹塑性分析，推覆分析加载模式采用振型荷载分布模式，由于加柱后结构为立面不规则结构，故对其进行双向推覆，取顶层梁端结点位移作为结构顶点位移。

7.2.2　加柱抗震加固方法的适用范围

对原结构悬挑外廊加柱以后，结构由单跨结构变为双跨结构，通过静力弹塑性分析发现，加柱后结构的抗震性能有很大程度的提高。此外，加不同柱以后，以设计地震分组第一组为例，结构能力谱曲线与需求谱曲线能找到性能点所对应的最大地震设防烈度和场地类别也有所不同，见表7-4。

不同方案结构的抗震适用范围　　　　　　　　　　　　　表7-4

方案编号	加固措施	性能点所对应的最大设防烈度		场地类别	地震动设计特征周期（s）
1	不加柱	+x 方向	8 度（0.2g）	Ⅲ	0.5
		-x 方向	8 度（0.2g）	Ⅲ	0.5
2	加 200×200 柱	+x 方向	8 度（0.3g）	Ⅱ	0.4
		-x 方向	8 度（0.3g）	Ⅲ	0.5
3	加 300×300 柱	+x 方向	9 度（0.4g）	Ⅲ	0.5
		-x 方向	9 度（0.4g）	Ⅲ	0.5
4	加 400×400 柱	+x 方向	9 度（0.4g）	Ⅲ	0.5
		-x 方向	9 度（0.4g）	Ⅲ	0.5
5	加 500×500 柱	+x 方向	9 度（0.4g）	Ⅲ	0.5
		-x 方向	9 度（0.4g）	Ⅲ	0.5
6	加 600×600 柱	+x 方向	9 度（0.4g）	Ⅲ	0.5
		-x 方向	9 度（0.4g）	Ⅲ	0.5

需要说明的是，表7-4中最大设防烈度可适当上调，本书主要以地震动设计特征周期为参考依据。由表7-4可知，结构加柱后，双向推覆性能点处所对应的最大设防烈度及场地类别差别不大，从右向左推覆时抗震性能稍好一点；从左向右推覆时，方案2未能在设防烈度为8度（0.3g），Ⅲ类场地条件下，从整体上满足大震需求性能目标，所以其没能达到抗震加固目的；方案3、4、5、6皆能在设防烈度为9度（0.4g），场地类别为Ⅲ类条件下，从整体上满足大震需求性能目标，结构抗震性能得到明显提高。

对于方案3、4、5、6，需对其各自性能点处的层间位移角进行分析及比较，以进一步检验加固效果。

7.2.3 加柱前后性能点处结构层间位移角对比

通过静力弹塑性分析，在设计地震分组为第一组，设防烈度为 9 度（0.4g）及Ⅲ类场地条件下，方案 3、4、5、6 性能点处的层间位移角如图 7-15 所示。

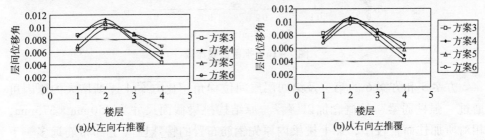

(a)从左向右推覆　　　　　　　　　　(b)从右向左推覆

图 7-15　各方案性能点处层间位移角

图 7-15 表明，双向推覆时，图中所示各方案性能点处的结构最大层间位移角均满足规范"层间弹塑性位移角限值"的要求（框架结构 1/50）；各方案最大层间位移角均出现在第二层；方案 3 和方案 4 第一层层间位移角相比其他方案较大，其中方案 3 最大；方案 5 和方案 6 第三及第四层层间位移角相比其他方案较大，其中方案 6 最大；从整体上看，各方案第二层层间位移角差异相对较小。

以上分析表明，不同加固方案有不同的抗震适用范围，如表 7-4 不同方案结构的抗震适用范围所示，而在设防烈度为 9 度（0.4g）及Ⅲ类场地条件下，不同方案性能点处的层间位移角也有所不同，因而此时需进一步根据目标性能选择柱的截面形式用以加固。

7.2.4 加柱截面优选

从整体上来看，方案 3 和方案 4 的层间位移角较小，但为了尽量避免底层框架在地震作用下倒塌现象的出现，鉴于方案 3 的第一层层间位移角相比其他方案较大，首先排除方案 3。虽然方案 5 和方案 6 第一层层间位移角相对较小，但方案 5 和方案 6 在第三层和第四层的层间位移角相比方案 4 明显较大，为尽量减少结构上部的损坏，经综合比选，本书初步选择方案 4。

对于方案 3 和方案 4，可通过推覆曲线进一步加以比选，如图 7-16 所示（以从左向右推覆为例）。从图 7-16 可以看出，方案 4 结构的水平承载能力明显大于方案 3，结构构件（梁、柱等）变形更能满足某一性能水准下的允许变形；方案 4 结构的破坏明显滞后于方案 3，而方案 3 结构的破坏时间与方案 1（不加柱）几乎同步。这两点说明，方案 4 优于方案 3。

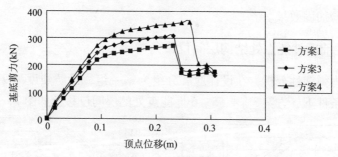

图 7 - 16　推覆曲线比较

　　方案 5 和方案 6 的第三及第四层层间位移角相比方案 4 逐渐增大的原因可通过"强柱弱梁"的概念加以解释。原结构挑梁截面尺寸为 250mm × 375mm，相对所加柱而言较小，加上挑梁内原先钢筋布置的特殊性（上部布筋远多于下部），使得加柱后挑梁与所加柱的节点处很容易形成"强柱弱梁"机制，所加柱截面越大，后加节点处"强柱弱梁"机制体现得越明显。当采用方案 4 对结构加固时，"强柱弱梁"机制体现得很好，梁、柱塑性铰发展良好（底层两跨梁铰发展协调），结构整体层间位移角比较协调；当采用方案 5 和方案 6 对结构进行加固时，结构短跨一侧刚度较大，后加节点处"强柱弱梁"机制体现得更为明显，短跨梁铰发展迅速，随所加柱截面增大，塑性铰迅速发展变化，位置逐渐从结构底层向上部移动，从而使结构上部的层间位移角增大，如图 7 - 17 所示。

　　虽然"强柱弱梁"机制可以提高结构的变形能力，防止结构在强烈地震作用下倒塌，但若柱强度过大，则会吸引并承担更多的地震力，同时可能会造成结构其他相对薄弱部位的出现，从而影响整体结构的安全性。在同等设防烈度和场地类别条件下满足大震不倒的基础上，方案 4 的整体层间位移角相对于方案 5 和方案 6 较协调（易于形成总体屈服机制），结构目标性能相对较高，因而方案 4 优于方案 5 和方案 6。

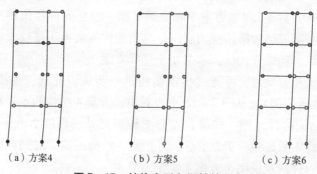

（a）方案4　　　　　　（b）方案5　　　　　　（c）方案6

图 7 - 17　结构变形和塑性铰分布

以上分析表明，所加柱对结构"强柱弱梁"机制的形成以及梁、柱塑性铰的发展变化影响较大，从而影响结构的抗震性能。在同等设防烈度和场地类别条件下从整体上满足大震需求性能目标的基础上，加柱后，结构刚度分布越协调，结构可达到的目标性能越高，因此选柱用于加固时应充分考虑到这一点。对于本书所分析结构而言，从抗震性能适用范围、目标性能、结构刚度分布协调程度、对原结构的空间影响程度及结构整体外观等方面考虑，在本书的几种方案中，方案 4，即 400mm × 400mm 截面柱（与原结构柱截面相同）的加固方案是最佳方案。

7.3 外廊式单跨框架结构加柱改造后基于 IDA 分析的抗震性能分析

为弥补静力弹塑性分析无法反映结构在动力作用下的受损和抗倒塌情况的不足，本节对外廊式单跨框架结构进行加柱增量动力分析，以研究此类结构在地震作用下的损伤情况和抗倒塌能力。

7.3.1 增量动力分析方法及倒塌分析方法

（1）增量动力分析方法

增量动力分析方法（IDA）是基于性能设计理论提出的，最早于 1977 年由 Bertero 提出，并于 2000 年被美国 FEMA350[9] 采用，被广泛应用于性能化抗震设计与研究中。

IDA 方法通过连续调整一条或多条地震动记录的强度，对结构进行一系列非线性动力时程分析，直至结构达到倒塌状态，同时绘制出结构性能参数与地震强度的曲线，以研究结构在不同强度地震动作用下损伤和倒塌全过程。IDA 方法也称"动力 Pushover 方法"，可全面研究地震动作用下的结构动力性能，有着广泛的用途：

1）可了解结构在同一地震动不同强度下的抗震能力及地震需求；

2）可确定不同性能水准下结构能力；

3）可了解结构的整体动力性能。

（2）倒塌分析方法

在增量动力分析方法研究的基础上，美国 ATC 委员会组织了一系列有关倒塌储备系数[10]（Collapse Margin Ratio，CMR）的研究以分析结构的抗倒塌能力。倒塌储备系数是指比较结构的实际抗地震倒塌能力和设防需求之间的储备关系[11]，即：

$$CMR = S_a(T_1)_{50\%} / S_a(T_1)_{大震} \qquad (7-2)$$

式中　$S_a(T_1)_{50\%}$——有 50% 地震输入出现倒塌对应的地面运动强度 $S_a(T_1)$；

　　　$S_a(T_1)_{大震}$——规范建议罕遇地震下的 $S_a(T_1)$。

对于我国结构：

$$S_a(T_1)_{大震} = \alpha(T_1)_{大震} g \qquad\qquad (7-3)$$

式中　$\alpha(T_1)_{大震}$——规范规定对于周期 T_1 的罕遇地震下水平地震影响系数；

　　　g——重力加速度。

通过倒塌储备系数，可以直观地且定量地分析评价结构在地震作用下的抗倒塌能力。

7.3.2　结构加柱前后 IDA 对比分析

本书将从损伤和倒塌两方面，运用 IDA 分析方法对原结构和加柱结构进行抗震性能对比分析。

（1）结构损伤分析

本书基于地震活动三要素的要求[12]，选取 10 条地震动记录对结构进行增量动力分析，如表 7-5 所示。

选取的地震记录

表 7-5

序号	地震波名称	发生时间	分量	PGA（g）
1	Northridge	1994	0	0.3703
2	San Fernando	1971	286	0.1171
3	El Centro Site	1940	270	0.3569
4	San Fernando	1971	159	0.2706
5	James RD	1979	310	0.5502
6	Taft Lincoln School	1952	69	0.1557
7	Northridge	1994	90	0.6047
8	Taft Lincoln School	1952	339	0.1793
9	El Centro Site	1940	180	0.2142
10	Northridge	1994	90	0.3442

鉴于单个地震动记录可以得到一条 IDA 曲线，因而对于多条地震动记录得到的 IDA 需进行数理统计。本书按 IM（Intensity Measure）进行统计，分别得到原结构和加柱结构的 16%、50% 和 84% 比例 IDA 曲线，如图 7-18 所示，并得到所有地震记录性能点，如表 7-6 所示。

162

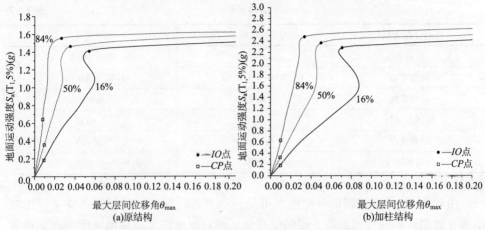

图 7 – 18 16%、50%、84%分位的 IDA 曲线

所有地震记录性能点   表 7 – 6

极限状态	分位	原结构			加柱结构		
	分位	16%	50%	84%	16%	50%	84%
IO	$S_a(T_1,5\%)$	0.19	0.35	0.64	0.2	0.35	0.64
	θ_{max}	0.01	0.01	0.01	0.01	0.01	0.01
CP	$S_a(T_1,5\%)$	1.41	1.47	1.56	2.29	2.35	2.49
	θ_{max}	0.057	0.036	0.028	0.072	0.051	0.033
GI	$S_a(T_1,5\%)$	1.45	1.51	1.58	2.31	2.42	2.52
	θ_{max}	$+\infty$	$+\infty$	$+\infty$	$+\infty$	$+\infty$	$+\infty$

由表 7 – 6 所有地震记录性能点可以看出，在达到 IO 点时，加柱结构与原结构的层间位移角相差不大；在达到 CP 点时，二者的层间位移角有较为明显的区别，即加柱结构可以在更大地震动作用下，保持较小的层间位移；加柱结构与原结构相比，只有在更强的地震动作用下才会达到结构整体动力失稳点（GI）。

由图 7 – 18 可见，加柱后结构的抗震性能明显优于原结构，原结构和加柱结构分别在不同大小的地震动作用下达到了 CP 点，加柱结构在达到 CP 点时，其所遭遇的地震动强度明显大于原结构达到 CP 点时所遭遇的地震动强度；虽然在 CP 点，二者皆未倒塌，但二者的结构损伤程度是不一样的。为了进一步体现结构在加柱后损伤程度方面的改善情况，本书选取表 7 – 5 选取的地震记录中第 8 条地震动记录（Taft Lincoln School），在 $S_a(T_1,5\%)$ = 1.56g 时，对比分析原结构和加柱结构的损伤程度，分析结果如表 7 – 7 所示。

结构反应 表7-7

性态（最大值）	原结构	加柱结构
层剪力	5709.96kN	6017.96kN
倾覆弯矩	3008.65kN·m	1447.29kN·m
剪切系数	0.92	0.85
层间位移角	0.047	0.045
绝对速度	0.92m/s	0.85m/s
绝对加速度	9.3	7.65

由表7-6所有地震记录性能点可见，在遭遇同样地震动作用条件下，加柱结构在倾覆弯矩、剪切系数、层间位移角、绝对速度以及绝对加速度方面的最大值均小于原结构；在层剪力方面，加柱结构基底剪力大于原结构基底剪力，其原因是加柱后结构整体刚度增大，导致分配给结构的地震水平作用力增大。可见，原结构在加柱后，当遭遇同样地震作用时，结构的反应程度会大大降低。

鉴于通过损伤不能直观地比较原结构和加柱结构的抗倒塌能力的差异，因此需进一步量化结构的抗倒塌能力。

（2）结构倒塌分析

尽管从结构反应的分析可以看出，原结构在加柱后，当遭遇同样地震动作用时，结构的损伤程度明显降低。但多次地震灾害表明，建筑结构在遭遇地震动作用时，不但会受到损伤，往往还会伴随着局部倒塌，甚至是整体倒塌。防止结构倒塌是结构安全的最主要目标，因而有必要对原结构加柱前后的抗倒塌能力的差异加以研究。

本书根据 FEMA 规定，以层间位移角超过 10% 作为结构倒塌的判据，并由 CMR 的定义得原结构和加柱结构的倒塌概率曲线，如图7-19所示。

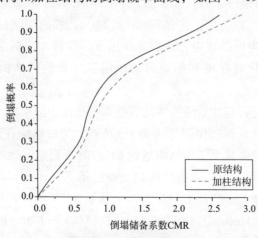

图7-19 倒塌概率曲线

由图 7 – 19 可知，原结构的 CMR 系数为 0.775，加柱结构 CMR 系数为 0.925，结构在加柱后抗倒塌能力得到一定提高，这体现出外廊式单跨框架结构在加柱后，结构跨数增加，冗余度增加，CMR 随之增大。

需要指出的是，本书的加固方案对原结构只加了 4 根柱，由于对结构体系的改变不是很大，所以加柱后结构抗倒塌能力提高得不是特别明显。如果加柱数量达到一定程度，使原结构从整体上由单跨变为双跨结构体系，抗倒塌能力可能会得到明显提高。

参考文献

[1] 四川省建筑科学研究院. GB 50367 – 2006 混凝土结构加固设计规范 [S]. 北京：中国建筑工业出版社，2006.

[2] PEER. Peer Strong Motion Database [EB/OL]. http://peer. berkeley. edu/nga/, 2007 – 05 – 16.

[3] 马千里，叶列平，陆新征. Mpa 法与 Pushover 法的准确性对比 [J]. 华南理工大学学报（自然科学版）. 2008, 36 (11)：121 – 128.

[4] 徐有邻. 汶川地震震害调查及对建筑结构安全的反思 [M]. 中国建筑工业出版社，2009.

[5] 李建中，吕西林，李翔. 汶川地震中钢筋混凝土框架结构的震害 [J]. 2008, 24 (3)：9 – 11.

[6] 莫庸，金建民，杜永峰. 高度重视外廊式单跨多层砖房的抗震设计——5·12 汶川大地震甘肃陇南地区中小学教学楼、机关办公楼外廊式单跨多层砖房震害考察体会 [J]. 工程抗震与加固改造. 2008, 30 (4)：60 – 63.

[7] 徐向东. 汶川大地震中小学校舍震害调查 [J]. 山东建筑大学学报. 2008, 23 (6)：551 – 554.

[8] 汪大绥，贺军利，张凤新. 静力弹塑性分析（Pushover Analysis）的基本原理和计算实例 [J]. 世界地震工程. 2004, 20 (1)：45 – 53.

[9] FEMA. Fema350 Recommended Seismic Design Criteria for New Steel Moment – Frame Building [R]. Washington, D. C.：Federal Emergency Management Agency, 2000.

[10] Applied Technology Council. Quantification of Building Seismic Performance Factors (Fema P695) [R]. Redwood City, California：Federal Emergency Management Agency, 2009.

[11] 陆新征，叶列平. 基于 Ida 分析的结构抗地震倒塌能力研究 [J]. 工程抗震与加固改造. 2010, 32 (1)：13 – 18.

[12] 王军. 钢筋混凝土高层建筑结构抗震弹塑性分析方法的研究及其应用 [D]：[硕士学位论文]. 长沙：湖南大学，2007.

第8章 结束语

8.1 主要结论

本书按加固改造前到加固改造后，从静力非线性到动力非线性分析的路线进行了非线性地震反应分析和抗震性能评价方法的研究。本书研究中，非线性分析都是直接基于材料层次的本构关系之上，期望为材料层次和构件、结构层次的研究建立起联系的桥梁。本书研究内容涉及静力推覆、静力循环非线性分析和动力非线性分析。对于加固后结构整体层次的分析方法，研究了约束效应和界面行为的影响及考虑方法。由于现代计算技术的飞速发展，结构分析的程序化过程尽管耗时多，但自动化程度很高，能做到不需或少需人工干预，相比之下，结构建模反而需要的人工时间更多，因此，数值模型更应重视及深入研究，本书第2章~第5章着重研究了改造前后杆系结构和剪力墙结构体系的静力非线性分析数值模型和实现技术。已有研究表明，结构的动力反应直接受力-位移关系的影响，本书形成的既有建筑结构静力非线性分析方法和实现技术的研究成果，既可以直接用于静力弹塑性分析，同时为第6章MIDA方法提供基础。本书通过MIDA方法的引入，实现静力非线性模型和动力非线性分析的融合。

主要结论如下：

（1）本书在考虑节点屈服应变渗透的粘结滑移恢复力模型基础上，通过理论和试验分析，从粘结滑移本构关系出发，推导了钢筋屈服滑移量的计算公式，对考虑节点屈服应变渗透的粘结滑移恢复力模型进行修正；通过引入锈蚀钢筋粘结滑移本构关系，得到了考虑钢筋锈蚀对粘结退化影响的粘结滑移恢复力修正模型，从而将粘结滑移恢复力模型引入到既有混凝土结构分析当中。修正模型直接基于单轴材料本构关系和粘结滑移本构关系，能方便地同时考虑锈蚀钢筋力学性能的改变和粘结性能的退化，能通过混凝土本构关系的改变考虑锈蚀引起混凝土损伤的耦合效应，并且由于能很好地平衡自由度与计算精度的关系，能适用于构件和结构整体层次的分析。本书的修正模型，与基于宏观构件层次试验的受腐蚀构件恢复力计算公式平行计算的结果取得了一致，合理性得到了验证。为反映锈蚀导致混凝土的性能劣化，对通用的混凝土本构关系进行了改进，采用本书的锈蚀损伤混凝土本构关系,能够反映结构承载力、刚度特别是延性的降低,降低趋势与已有的锈蚀构件试验结果具有一致性,具体参数可以结合试验数据进行细致调整。通过对不同锈蚀程度的组合件在反复荷载下的分析,发现若单独考虑锈蚀钢筋粘结滑移的影响,当锈蚀率超过6%时,锈蚀对构件抗震性能的影响才比较明显,而同时考虑粘结滑移和锈蚀钢筋本构关系的改变,则当锈蚀率超过3%时,锈蚀的影响即已明显。本书分析认为,碳化对结构抗震性能的直接影响不是很大。因此,本书提出了考虑钢筋锈蚀的结构静力非线性分析方法,并进行了实现。

(2)本书基于钢筋混凝土薄膜元软化桁架理论,考虑弯曲和剪切的耦合,结合所收集的试验研究成果,首先对混凝土实体墙的数值模型进行了研究。参考已有的剪力墙剪切模型,在原点指向三折线剪切恢复力模型的基础上,根据连梁特点提出了确定特征参数的方法,并采用组合截面方法进行实现。采用本书连梁模型的分析结果与试验结果在刚度和强度上都能符合地很好,能反映连梁在剪弯受力下的总体性能。在墙肢和连梁分析的基础上,发展了联肢剪力墙静力非线性分析方法和实现技术,本书方法适用于结构整体分析,能够分析剪力墙达到峰值承载力后的弹塑性受力性能,得到水平力作用下有下降段的力–位移关系全曲线即能力曲线。从分析结果看到,对于具有约束边缘构件的剪力墙,约束混凝土本构特征点参数对分析结果有很大影响。本书方法能考虑约束边缘构件对剪力墙受力性能的影响,建议对约束混凝土特征点采用Saatcioglu模型参数。与试验结果对比,本书程序能较准确地得到结构的初始刚度以及第1个转折点位置,分析得到的极限承载力与试验接近,荷载位移分析曲线能够较好地反映实际双肢墙荷载位移发展的总体趋势,在较少的单元划分下也能获得满意的结果,计算效率很高。

(3)利用纤维模型处理混合材料的优势,本书从截面和构件层次模型出发,给出了静力非线性分析方法,对外包钢加固混凝土柱进行了数值模拟,分析结果与抗震性能试验结果吻合良好。约束效应是加固结构区别于新建结构的重要特点之一。本书研究表明,不考虑外包钢围套对混凝土的约束作用将不能正确反映加固柱的延性性能,约束混凝土的本构模型关系到分析结果的准确程度。本书提出将外包钢围套与箍筋统一按照约束指标,采用Kent–Scott–Park混凝土本构模型来考虑约束增强作用,证明简单可行。建议的实用化分析方法,适用于外包钢加固框架结构,通过设定塑性铰属性,采用SAP2000软件分析能得到与纤维模型比较一致的结果,方便实际工程应用。

(4)界面行为是加固结构区别于新建结构的重要特点之一。基于精确测试的试验研究和理论分析,研究钢绞线网–聚合物砂浆与砖砌体界面粘结锚固性能，以及钢绞线应变发展规律。采用钢绞线网－聚合物砂浆加固砌体墙体时，特别是当被加固砌体强度较低时，可能发生界面剥离破坏，此时钢绞线强度不能得到充分发挥，大约只能到达设计强度的 35% 左右，本书试验研究发现，破坏形式与聚合物砂浆品种、界面剂以及砂浆强度等因素有关。试验证明采用 FBG 测量钢绞线应变可行，能解决这种小直径钢绞线应变量测的难题。不同位置钢绞线应力的发展趋势不同，表明沿着受力方向在不同位置界面剪应力具有不同的大小，即剪应力分布受位置影响。利用 DIC 技术能方便地进行全场实时测量，经与位移计测量结果对比，证明 DIC 获得的位移结果可靠，具有较高的精度。

（5）本书扩展了配筋面层砂浆加固砌体墙体非线性分析方法，通过对不同加固方式、试件尺寸和配筋形式的试验进行数值分析，证明能获得合理的计算结果。分析表明，对夹心砌体和面层聚合物砂浆材料本构模型的选取是对聚合物砂浆面层加固砌体墙体分析的关键。本书提出对砌体采用不考虑受拉作用的 Kent – Park 受压本构关系，面层聚合物砂浆采用混凝土的 Thorenfeldt 曲线本构模型。分析表明，如果不考虑加固墙体界面行为的特点，只能在大变形以前，获得与实际情况比较接近的强度和刚度结果，数值结果总体趋势与试验一致，而在弹塑性发展阶段的数值结果将逐渐与试验值偏离，存在很大的偏差。

（6）本书提出通过 MIDA 分析方法实现静力非线性模型和动力非线性分析融合的思路，通过对 MIDA 方法的实现，将前面讨论的典型加固前和加固后既有结构都纳入 IDA 分析体系之中。由于 IDA 方法的特点，基于 MIDA 方法可以考虑地震作用的随机性，已由确定性分析进入不确定性分析，能获得基于概率的统计结果。本书以外包钢加固混凝土框架结构为算例，研究了滞回模型对模态推覆分析结果的影响，通过与纤维模型的动力非线性分析对比，验证了采用 IDA 方法对加固后结构进行抗震性能评价是可行的，基于 MIDA 能得到比较准确的分析结果，计算时间大大降低，在计算成本的节约上有着非常突出的优势。MIDA 方法能对加固后结构从结构整体层次进行评价，能用于抗震加固结构在中震、大震甚至巨震下结构反应的预测，同时可以对加固方案进行直观的评价和比选。MIDA 方法中，对模态推覆曲线可以采用理想二折线化；采取通用的反向加载指向最大位移点的经典 Clough 滞回模型，能得到满意的 MIDA 的结果，建议在对 modal SDOF 定义滞回规则时，采用不考虑卸载刚度退化的滞回模型。本书归纳了基于性态抗震在既有建筑中应用的框架，认为对于加固前的既有结构，按照第 2 章考虑钢筋锈蚀混凝土劣化以及粘结退化的方法，通过数值试验确定起相应的刚度、强度和变形的 λ 修正系数取值，然后可以按照 FEMA 方法进行既有建筑性态抗震评价；对于加固后的既有结构，建议适当考虑除 1 阶以外的其他模态的影响，采用 MPA 进行非线性反应分析。当需要考虑地震作用的随机性，以及需要重点分析大震和巨震下结构整体抗震安全性（特别是抗整体倒塌能力）时，建议采用 MIDA 方法进行分析和评价。

8.2 存在问题及后续研究工作展望

由于既有建筑的广泛性和复杂性，既有建筑抗震安全性方面的研究还需要深入开展，主要包括以下一些方面的工作：

（1）最新的 09 版抗震鉴定标准引入后续使用年限的概念，对既有建筑进行界定，具有很强的可操作性。按照不同时期规范修建的建筑，承载力和延性构造方面都有明显的差异，这些差异对于结构在中到大震作用下进入弹塑性的抗震性能产生重要影响，再加上结构已有使用年限和后续使用年限中对抗震性能退化的各种影响因素的作用，这些影响和作用之间还存在耦合效应，使得问题十分复杂，相关的研究值得深入开展。

（2）对于已经发展出来的多种加固改造方法进行归纳总结，对基于性态的加固改造后结构抗震性能分析从理论、方法和应用上进行深入研究。

（3）加固后形成的新老结合共同工作的复合结构体系，最主要的影响因素有：约束效应、界面行为和二次受力。当前，约束效应和界面行为已有不少研究成果，关于加固结构二次受力的研究仍主要停留在构件层次上，二次受力对结构整体体系抗震性能影响的研究十分薄弱，约束效应、界面行为和二次受力对结构弹塑性抗震性能影响的研究亟待加强。

（4）针对各种结构类型（特别是包括加固后结构），以 IDA 方法为基础的地震易损性研究、基于概率的性能评估及决策研究将成为后续重点开展的工作。对于加固结构，基于 IDA 在性态抗震框架下的各性态水准极限状态、性态目标的研究也有待开展。

（5）增量动力分析在分析结构整体抗倒塌能力及计算倒塌发生的年平均概率方面具有独特的优势，分析结果极易与概率地震危险性分析结果融合，得到考虑实际场地地震环境的结构地震失效概率计算方法。利用倒塌储备系数 CMR，通过 CMR 分析，对各类方式加固后结构的抗震安全性能进行系统的评价，针对加固后结构的倒塌分析及改进方法的研究具有重要的学术意义和工程价值。

附 录

1. MIDA 分析中对模态推覆曲线双折线化的 TCL 脚本程序

```
#读各模态 Pushover 曲线，理想化二折线
set Mj 3
set outfile1 [open idealization. txt w]; #记录理想化二折线的两点
puts $ outfile1 "e1p s1p e2p s2p T"
for {set pmj 1} {$ pmj < = $ Mj} {incr pmj 1} {
set Mldfile "modedisp $ pmj"
#set toload [list 0. 8731985200746875 0. 3153284783567018 0. 1908684125401928];
Yset toload [list 0. 86255 0. 32077 0. 202253];#strengthened
set tolload [lindex $ toload [expr $ pmj – 1]]
set inFilename $ Mldfile. out
set outFilename $ Mldfile. pzh
    # Open the input file and catch the error if it cant be read
    if [catch {open $ inFilename r} inFileID] {
        puts stderr "Cannot open $ inFilename for reading"
        close $ inFileID;# Close the input file
    } else {
        # Open output file for writing
        set outFileID [open $ outFilename w]
        set x1 0. ; set i 1
        set y1 0.
        set oAs 0.
        set infile [read $ inFileID]
        set len [llength $ infile]
        #puts "length is $ len"
        foreach line [split $ infile \n] {
```

170

```
if {[llength $line]>0} {;#read 将会读取文件 eof
set ptran [expr [lindex $line 0] * $tolload]
set pnew [lreplace $line 0 0 $ptran]
set oAs [expr $oAs + ([lindex $pnew 1] - $x1) * ($y1 + [lindex
    $pnew 0])/2]
set x1 [lindex $pnew 1]
set y1 [lindex $pnew 0]
puts $outFileID $pnew
    if {$i = = 4} {;#取第一直线为第 4 点的斜率
        set pk [expr [lindex $pnew 0]/[lindex $pnew 1]]
        #puts "k is $pk"
}
if {$i = = [expr $len/2 - 3]} {;#两点式第一点
        set px1 [lindex $pnew 1]
        set py1 [lindex $pnew 0]
}
if {$i = = [expr $len/2]} {;#两点式第二点
        set px2 [lindex $pnew 1]
        set py2 [lindex $pnew 0]
}
incr i 1
}
}
puts "originAs is $oAs"
set vy [expr ($px1 * $py2 - $px2 * $py1)/($px1 - $px2 + ($py2 -
    $py1)/ $pk)]
puts "vy is $vy"
close $outFileID;# Close the output file
close $inFileID;# Close the input file

#search 0.6 vy
        set inFileID [open $outFilename r];#从新文件中查询
        if {$pmj = = 1} {;#search from len/10
        set no [expr round([expr $len/5])]
```

171

```
#puts " $ Mj no is $ no"
} elseif { $ pmj = =2} {#search from len/8
set no [ expr round([ expr $ len/4])]
#puts " $ Mj no is $ no"
} else {#search from len/6
set no [ expr round([ expr $ len/3])]
#puts " $ Mj no is $ no"
}
if {fmod( $ no,2)! =0} {;#保证 No 是偶数
    set no [ expr $ no +1]
}
set infile [ read $ inFileID]
#puts "[ expr abs([ expr 0. 6 ∗ $ vy −[ lindex $ infile $ no]])] delta y
is [ expr $ pk ∗ 0. 1]"
#寻找vy
    set iAs 0.
    set ovy $ vy
    set abAs 0
while {[ expr abs([ expr ( $ oAs − $ iAs)/ $ oAs])] >0. 002} {;#容许偏差
    while {[ expr abs([ expr 0. 6 ∗ $ vy −[ lindex $ infile $ no]])] >[ expr
        $ pk ∗ 0. 1]} {
        if {[ expr 0. 6 ∗ $ vy −[ lindex $ infile $ no]] <0} {
            set no [ expr $ no −2]
        #puts "no is $ no"
        } else {
            set no [ expr $ no +2]
        #puts "no is $ no"
        }
    }
    set px1 [ lindex $ infile [ expr $ no +1]]
    set py1 [ lindex $ infile $ no]
    set pk [ expr $ py1/ $ px1]
    set px1 [ expr $ vy/ $ pk]
    #puts "0. 6vy is [ expr $ vy ∗ 0. 6], 0. 6vy searched is $ py1";#找到的
```

0. 6vy 点并非最近者

```tcl
set iAs [expr $vy * $px1/2 + ($px2 - $px1) * ($vy + $py2)/2]
puts "iAs is $iAs"
if {[expr $abAs * ($oAs - $iAs)] < 0} {
        set vy [expr ($vy + $ovy)/2];#二分法查 vy
} elseif {[expr $oAs - $iAs] < 0} {
        set deltavy -1;
} else {
        set deltavy 1
}
set vy [expr $vy + $deltavy]
puts "vy is $vy"
set abAs [expr ($oAs - $iAs)]
set ovy $vy
}
close $inFileID;
puts "delta is $px1, vy is $vy; endpoint is $px2, $py2, iAs is $iAs"
}


# ESDOf
#set gama {0. 8733072388291726 0. 3157109303129151 0. 19160667241424278};#取
正值
#set gama {0. 8627 0. 321 0. 203};#strengthened
#set Gmass {0. 7625705885161451 0. 09955264725615022 0. 03657166139581527};#
#set Gmass {0. 744 0. 103 0. 041};#strengthened
set inFilename modes. txt
set inFileID [open $inFilename r]
set infile [read $inFileID]
set inFilename modeParam. txt
set inFileID1 [open $inFilename r]
set infile1 [read $inFileID1]
for {set pn 1} {$pn <= $Mj} {incr pn 1} {
set ls [lindex [split $infile1 \n] $pn]
lappend gama [lindex $ls 1]
```

```
lappend Gmass [lindex $ls 2]
lappend fai [lindex $infile [expr $pn * 7 - 1]]
}
puts "gama is $gama"
puts "Gmass is $Gmass"
puts "fai is $fai"
close $inFileID
close $inFileID1
set e1p [expr abs([expr $px1/[lindex $gama [expr $pmj - 1]]/[lindex $fai
[expr $pmj - 1]]])]
set s1p [expr $vy/[lindex $Gmass [expr $pmj - 1]]]
set e2p [expr abs([expr $px2/[lindex $gama [expr $pmj - 1]]/[lindex $fai
[expr $pmj - 1]]])]
set s2p [expr $py2/[lindex $Gmass [expr $pmj - 1]]]
puts "$e1p, $s1p; $e2p, $s2p"
set T [expr 2 * 3.14 * pow([expr $e1p/ $s1p],0.5)]
puts "T $pmj is $T "
set outpara [list $e1p $s1p $e2p $s2p $T]
puts $outfile1 $outpara
}
close $outfile1
```

2. MIDA 分析主程序

```
#source units. tcl
set inFilename idealization. txt
set inFileID [open $inFilename r]
set infile [read $inFileID]
set pEnvelope1 [lindex [split $infile \n] 1]; #[list 6.434 104.4798 49.626
142.73];#mode 1
lappend T [lindex $pEnvelope1 4]
set pEnvelope2 [lindex [split $infile \n] 2];#[list 7.93 893.93 64.54 1216.18];#
mode 2
lappend T [lindex $pEnvelope2 4]
```

```
set pEnvelope3 [lindex [split $ infile \n] 3];#[list 7.099 2885.885 42.027
3369.574];#mode 3
lappend T [lindex $ pEnvelope3 4]
close $ inFileID


#set T [list 1.558 0.59 0.31]
set ppEnvelope [list $ pEnvelope1 $ pEnvelope2 $ pEnvelope3]
#puts " $ ppEnvelope"


set M 1.0
set inFilename pga.txt
set inFileID [open $ inFilename r]
set pga1 [read $ inFileID]
close $ inFileID
#puts "pga1 is $ pga1"
set inFilename peak.txt
set inFileID [open $ inFilename r]
set peakin [read $ inFileID]
close $ inFileID
#set pga [list 0.576923077 0.769230769 0.961538462 1.153846154 1.346153846
1.538461538 1.923076923 2.307692308 2.692307692 3.076923077 3.461538462
3.846153846 4.230769231 4.615384615 5 5.384615385 5.769230769 6.153846154
6.538461538 6.923076923 7.307692308 7.692307692];#peak ground accel
set Nrec 10;#记录条数
for {set pi 1} {$ pi < = $ Nrec} {incr pi} {
#set gmfile "a $ pi"
#puts $ gmfile
#set pga ""
foreach pga2 $ pga1 {
#puts "[lindex $ peakin [expr $ pi - 1]]"
lappend pga [expr $ pga2/[lindex $ peakin [expr $ pi - 1]]/1000]
}
#puts "pgaNum is [llength $ pga]"
#puts "pga is $ pga"
```

175

```
#set j [llength $ pga];#计算峰值点数
set pj 1
foreach ppga $ pga {

set i 0
foreach pEnvelope $ ppEnvelope {
wipe
model basic - ndm 1 - ndf 1
set wn [expr 2. 0 * 3. 14159/[lindex $ T $ i]]

uniaxialMaterial Hysteretic 1 [lindex $ pEnvelope 1] [lindex $ pEnvelope 0] [lindex
 $ pEnvelope 3] [lindex $ pEnvelope 2] - [lindex $ pEnvelope 1] - [lindex $ pEn-
 velope 0] - [lindex $ pEnvelope 3] - [lindex $ pEnvelope 2] 1 1 0. 0 0. 0

node 1 0. 0
node 2 1. 0 - mass $ M

fix 1 1

#uniaxialMaterial Elastic 1  $ K

element truss 1 1 2 1. 0 1

set dampingRatio 0. 05

set a0 [expr 2. 0 *  $ wn  *  $ dampingRatio]

rayleigh  $ a0 0. 0 0. 0 0. 0

incr i

recorder Node - file SDOF $ i. dispDyn $ pj. out - time - node 2 - dof 1 disp

source dynamicEQ. tcl
```

```
dynamicEQ  $ ppga  $ pi
}

incr pj
}
#puts " post is  $ pi"
wipe ;
source MIDApost. tcl
unset pga
#MIDApost  $ pga  $ pi
}
```